条文セレクト
注釈農地法

弁護士　宮﨑直己　著

新日本法規

は し が き

本書は、農地法の定める全条文のうち、特に重要と考えられる条文に関し詳しい法的解説を加えることを目的としています。そもそも農地法は、非常に分かりにくい法律です。重要な条文がパズルを組み合わせたような複雑な構造をとっていることが主な原因です。また、農地法の条文の中で、一般国民には馴染みのない専門的な制度が数多く存在していることも、理解を困難なものとさせている原因の１つということができます。

本書は、そのような難解な農地法について、民法および行政法の基本的理論を基に、正しく、かつ、分かりやすい解説を行っています。本書の主たる利用目的は、実務を行うに当たって仮に難しい法的問題が生じた場合に、正しい解決に至るためのヒントを提供することにあります。それゆえ、本書の内容を理解するには、本書を熟読し、かつ、何か疑問点が生じた場合、より詳細な専門書に当たって自ら確認する作業が求められます。

一方、重要な法的問題を含まない条文については、農林水産省が発している処理基準、通知、通達等を丹念に読めば一応の理解が可能と考えられるため、注釈は加えないものとしました。

最後になりましたが、本書を刊行するに当たっては、新日本法規出版株式会社出版企画局の小倉俊彦氏および西垣祥子氏のお世話になりました。これらの方々に対し紙面を借りて御礼申し上げます。

令和６年４月

弁護士　宮﨑直己

凡　　例

1　法令等の表記

根拠となる法令等の略語は次のとおりである。〔　〕内は本文中で用いる略称を示した。

憲	日本国憲法
法	農地法
令	農地法施行令
規	農地法施行規則
基盤	農業経営基盤強化促進法〔基盤法〕
中間	農地中間管理事業の推進に関する法律〔中間管理法〕
農委	農業委員会等に関する法律〔農委法〕
処理基準	農地法関係事務に係る処理基準について
事務処理要領	農地法関係事務処理要領の制定について
運用通知	農地法の運用について
行手	行政手続法〔行手法〕
行訴	行政事件訴訟法〔行訴法〕
自治	地方自治法〔自治法〕
地公	地方公務員法〔地公法〕
民	民法
民調	民事調停法
民執	民事執行法
民執規	民事執行規則
人訴	人事訴訟法
不登	不動産登記法
都計	都市計画法〔都計法〕
刑	刑法
刑訴	刑事訴訟法
信託	信託法

2　判例集・雑誌

根拠となる判例等の略記例及び出典の略称は次のとおりである。

本文中の判例……熊本地方裁判所令和元年６月26日判決、判例地方自治462号87頁＝熊本地裁令和元年６月26日判決（判自462・87）

参照判例（本文中に（　）で表示してある判例）……東京地方裁判所平成18年１月26日判決、金融・商事判例1237号47頁＝東京地判平18・１・26金判1237・47

略称	出典	略称	出典
判時	判例時報	金法	金融法務事情
下民	下級裁判所民事裁判例集	訟月	訟務月報
行集	行政事件裁判例集	判自	判例地方自治
金判	金融・商事判例	民集	最高裁判所民事判例集

3　本書の利用法

本書は、農地法の全条文のうち、特に法解釈上の問題点を含むと思われる20の条文に関し、簡潔な解説を施すものである。また、解説は、原則として、判例・通説に従って記述するよう心掛けた。より細かい解釈論を必要とする読者は、別途その分野の詳しい専門書を紐解くことによって更に学習を進められたい。なお、農地法以外の多くの農業関係法の内容または農林水産省が出している通知・通達の内容の詳細を知りたい方は、農林水産省経営局農地政策課監修『農地六法』（新日本法規出版）を参照されたい。

目　次

第1章　総　則

第2章　権利移動及び転用の制限等

第３章　利用関係の調整等

第４章　遊休農地に関する措置

第5章 雑 則

第６章　罰　則

附　録

索　引

第１章　総　則

（目的）

第１条　この法律は、国内の農業生産の基盤である農地が現在及び将来における国民のための限られた資源であり、かつ、地域における貴重な資源であることにかんがみ、耕作者自らによる農地の所有が果たしてきている重要な役割も踏まえつつ、農地を農地以外のものにすることを規制するとともに、農地を効率的に利用する耕作者による地域との調和に配慮した農地についての権利の取得を促進し、及び農地の利用関係を調整し、並びに農地の農業上の利用を確保するための措置を講ずることにより、耕作者の地位の安定と国内の農業生産の増大を図り、もつて国民に対する食料の安定供給の確保に資することを目的とする。

【注　釈】

１－１　農地法の立法趣旨

本条は、農地法の立法目的を示したものである。本条は、最初に農地の本質について「国民のための限られた資源であり」、かつ「地域における貴重な資源である」との認識を示す。その上で本法は「耕作者の地位の安定と国内生産力の増大を図り」、もって「国民に対する食料の安定供給の確保に資することを目的とする」ものであると結論付ける。その立法目的を実現するため、①農地転用を規制し、②農地の権利取得を促進し、③農地の利用関係を調整し、④農地の農業上の利用を確保するための措置を講ずるとしている。

１－２　立法目的を具体化する条文

上記①から④までに掲げられた目的を実現するため、次のような条文が定められている。

①については法４条、５条、51条等、②については法３条、３条の２、３条の３等、③については法16条、17条、18条、20条、21条等、④については法30条から42条までである。（注）

（注）　法第４章

法第４章（法30条から42条まで）は、**遊休農地に関する措置**について定め、農地中間管理事業の推進に関する法律（以下「**中間管理法**」という。）に根拠を置く**農地中間管理機構**を通じ（中間４条）、**農地中間管理権**（中間２条５項）を設定することにより遊休農地の解消を図ろうとする。しかし、同章に定められた条文は十分に整理されているとは言い難く、さらに、ここで定められている手法が全国規模で広く活用されているという事実も確認されていない。

（定義）

第２条　この法律で「農地」とは、耕作の目的に供される土地をいい、「採草放牧地」とは、農地以外の土地で、主として耕作又は養畜の事業のための採草又は家畜の放牧の目的に供されるものをいう。

２　この法律で「世帯員等」とは、住居及び生計を一にする親族（次に掲げる事由により一時的に住居又は生計を異にしている親族を含む。）並びに当該親族の行う耕作又は養畜の事業に従事するその他の２親等内の親族をいう。

一　疾病又は負傷による療養

二　就学

三　公選による公職への就任

四　その他農林水産省令で定める事由

３　この法律で「農地所有適格法人」とは、農事組合法人、株式会社（公開会社（会社法（平成17年法律第86号）第２条第５号に規定する公開会社をいう。）でないものに限る。以下同じ。）又は持分会社（同法第575条第１項に規定する持分会社をいう。以下同じ。）で、次に掲げる要件の全てを満たしているものをいう。

一　その法人の主たる事業が農業（その行う農業に関連する事業であつて農畜産物を原料又は材料として使用する製造又は加工その他農林水産省令で定めるもの、農業と併せ行う林業及び農事組合法人にあつては農業と併せ行う農業協同組合法（昭和22年法律第132号）第72条の10第１項第１号の事業を含む。以下この項において同じ。）であること。

二　その法人が、株式会社にあつては次に掲げる者に該当する株主の有する議決権の合計が総株主の議決権の過半を、持分会社にあつては次に掲げる者に該当する社員の数が社員の総数の過半を占めているものであること。

イ　その法人に農地若しくは採草放牧地について所有権若しくは使用収益権（地上権、永小作権、使用貸借による権利又は賃借権をいう。以下同じ。）を移転した個人（その法人の株主又は社員となる前にこれらの権利をその法人に移転した者のうち、その移転後農林水産省令で定める一定期間内に株主又は社員となり、引き続き株主又は社員となつている個人以外のものを除く。）又はその一般承継人（農林水産省令で定めるものに限る。）

ロ　その法人に農地又は採草放牧地について使用収益権に基づく使用及び収益をさせている個人

ハ　その法人に使用及び収益をさせるため農地又は採草放牧地について所有権の移転又は使用収益権の設定若しくは移転に関し第３条第１項の許可を申請している個人（当該申請に対する許可があり、近くその許可に係る農地又は採草放牧地についてその法人に所有権を移転し、又は使用収益権を設定し、若しくは移転することが確実と認められる個人を含む。）

ニ　その法人に農地又は採草放牧地について使用貸借による権利又は賃借権に基づく使用及び収益をさせている農地中間管理機構（農地中間管理事業の推進に関する法律（平成25年法律第101号）第２条第４項に規定する農地中間管理機構をいう。以下同じ。）に当該農地又は採草放牧地について使用貸借による権利又は賃借権を設定している個人

ホ　その法人の行う農業に常時従事する者（前項各号に掲げる事由により一時的にその法人の行う農業に常時従事することができない者で当該事由がなくなれば常時従事することとなると農業委員会が認めたもの及び農林水産省令で定める一定期間内にその法人の行う農業に常時従事することとなることが確実と認められる者を含む。以下「常時従事者」という。）

ヘ　その法人に農作業（農林水産省令で定めるものに限る。）の委託を行つている個人

ト　その法人に農業経営基盤強化促進法（昭和55年法律第65号）第７条第３号に掲げる事業に係る現物出資を行つた農地中間管理機構

チ　地方公共団体、農業協同組合又は農業協同組合連合会

三　その法人の常時従事者たる構成員（農事組合法人にあつては組合員、株式会社にあつては株主、持分会社にあつては社員をいう。以下同じ。）が理事等（農事組合法人にあつては理事、株式会社にあつては取締役、持分会社にあつては業務を執行する社員をいう。次号において同じ。）の数の過半を占めていること。

四　その法人の理事等又は農林水産省令で定める使用人（いずれも常時従事者に限る。）のうち、一人以上の者がその法人の行う農業に必要な農作業に１年間に農林水産省令で定める日数以上従事すると認められるものであること。

4　前項第２号ホに規定する常時従事者であるかどうかを判定すべき基準は、農林水産省令で定める。

【注 釈】

2－1 農地の定義

（1） 本書においては、農地法を「**法**」と、政令である農地法施行令を「**令**」または「**施行令**」と、農林水産省令を「**省令**」と、また、農地法施行規則を「**規則**」という。（注1）

ところで、法2条1項は、農地の定義を置き、「耕作の目的に供される土地」をいうとする。その意味に関し、「農地法関係事務に係る処理基準について」（平成12年6月1日 12構改B404号 農林水産事務次官通知）（以下「**処理基準**」という。）は、**耕作**とは、土地に労費を加え肥培管理を行って作物を栽培することを指すとする（処理基準第1（1）①）。また、耕作の目的に供される土地の意味について、「現に耕作されている土地のほか、現在は耕作されていなくても耕作しようとすればいつでも耕作できるような、すなわち、客観的に見てその現状が耕作の目的に供されるものと認められる土地（休耕地、不耕作地等）も含まれる」という立場をとる。（注2）

（注1） 法令と行政規則

a 一般的見解によれば、法律および命令は**法令**と呼ばれ、これらには法的拘束力があるとされる。法律は国会が定立する法であり、命令は行政機関が定立する法である。命令は、法律の委任に基づくもの（委任命令）と法律を執行するもの（執行命令）に分かれる。命令は、具体的には、内閣が制定する政令、内閣総理大臣が制定する内閣府令、各省大臣が制定する省令などのものがある。本書で扱う農地法施行令も農地法施行規則も、ここでいう命令に当たり、条文に記載された文言には法的な拘束力がある。したがって、例えば、後記するとおり、一般国民が、農地の権利を耕作目的で取得しようとする場合は、法3条1項の許可を受ける必要があるが、その際、法律および命令に定められた要件の全てに抵触しないことが必要となる。また、法的拘束力が及ぶという点は、一般国民に限定された原則ではなく、都道府県知事や農業委員会などの行政機関も、担当する職務を遂行するに当たっては、これに拘束される（**法律による行政の原則**）。

b　一方、**行政規則**は、行政機関が制定する一般的規範であって、国民の権利義務に直接影響を及ぼさない。法規ではないから、一般国民や裁判所を法的に拘束する効力はない。また、その制定に当たっては法律上の授権は必ずしも必要でない。例えば、農林水産省の経営局長ほかが定めた「農地法関係事務処理要領の制定について」（以下「**事務処理要領**」という。）や「農地法の運用について」（以下「**運用通知**」という。）のような**通知**（または通達）も行政規則に該当する（ほかにガイドラインと呼ばれるようなものもこれに含まれる。）。これらの通知は、法令の解釈基準である場合もあれば、審査基準または処分基準の性質を持つ場合もある。当該通知が、行政機関の内部で出されたものである場合、下級行政機関は、担当する職務を行うに当たっては、上級行政機関が出した通知に拘束される（農林水産省の担当職員は、上司である農林水産省の局長の命令に従う義務がある。仮に従わなかった場合、職務命令に違反したとして懲戒処分の対象となることもあり得る。）。

他方、上記のとおり、行政規則は、通知を出した行政機関以外の行政機関に対する法的拘束力を持たない（**外部的効果**がない。）。農林水産省（国）と地方公共団体との間には、上級行政機関あるいは下級行政機関という関係はなく、双方は対等である。したがって、地方公共団体は、農林水産省の局長が出した上記通知には拘束されない。例えば、法律上、不確定概念をもって要件が定められているような条文について、農林水産省の通知を参考として解釈することは可能であるが、しかし、それに拘束されるものではない以上、地方公共団体独自の視点に立った解釈または審査・処分のための基準を設定することが許される（行政手続法（以下「**行手法**」という。）５条・12条）。つまり、国のみが法律を解釈することができる地位を与えられているわけではない。

（注２）　処理基準

a　処理基準とは、地方自治法（以下「**自治法**」という。）245条の９が定めるとおり、専ら**法定受託事務**について法律またはこれに基づく政令の定めに従って処理するに当たりよるべき一般的基準を指す。農地法についていえば、農林水産大臣から都道府県に対し（同条１項）、また、都道府県知事から市町村に対し定めるものである（同条２項）。ただし、農林水産大臣から市町村に対して定めるものもある（同条３項）。法定受託事務は、本来、国または都道府県が果たすべき役割にかかる事務であるため、国または都道府県の立場によれば、各地方公共団体が事務処理を行うに当たり、完全な自由に任せるのではなくそれを適切に行うための「よるべき基準」を示すことが必要となると解される。ただし、法定受託事務も地方公共団体の事務であるから、処理基準を定めるに当たっても、その目的を達成するために必要な最小限度のものでなければならないとされている（同条５項）。

b　処理基準の法的性質であるが、（法律の）解釈基準である場合もあれば、（行政処分を行うに当たっての）裁量基準である場合もある。処理基準は、対等の関係にある行政主体（都道府県および市町村）に対して一方的に示されるものであるから（例えば、国から都道府県に対するもの）、法定拘束力は認められない（仮にこれを肯定すると、処理基準は法令と同一の効力を持つ存在となってしまい整合性を欠く。ひいては、法律による行政の原則に反することにもなりかねない。）。そのため、仮に地方公共団体によって処理基準に抵触する具体的な事務処理が行われたとしても、当該行為が直ちに違法となるわけではない。

例えば、私人Ａ・Ｂが、Ｃ市農業委員会に対し耕作目的の農地の所有権移転のための法３条許可申請を行ったが、Ｃ市農業委員会において処理基準に抵触する法解釈を採用し、当該申請について不許可処分をしたところ、Ａ・Ｂが、これを不服としてＤ地裁に対し処分の取消訴訟を提起したとする（行政事件訴訟法（以下「**行訴法**」という。）３条２項）。この場合、Ｄ地裁は、処理基準の示す法解釈に拘束されることなく、法３条を解釈して違法性の有無について自由に司法判断を下すことができる。仮にD地裁が、判決でC農業委員会の行った不許可処分について適法と判断し、その判決が確定した場合、C農業委員会が採用した法解釈は適法ということになる（この場合、むしろ処理基準の内容の方が、法３条の解釈としては違法なものであったことになる。）。ただし、当該D地裁の判決内容は、当該事件の具体的事実関係を前提にして示されたものにすぎない。また、今後提訴された同種事件について、他の裁判所の判断を拘束する効力を持つものではない。

（２） 次に、処理基準は、いわゆる**現況主義**についても触れ、「農地等に該当するかは、その土地の現況によって判断するのであって、土地の登記簿の地目によって判断してはならない」という立場をとる（処理基準第１（２））。

２－２ 採草放牧地の定義

処理基準によれば、**採草放牧地**とは「農地以外の土地で耕作又は養畜のため採草又は家畜の放牧の目的に主として供される土地をいう」とされる（処理基準第１（１）②）。

２－３ 世帯員等の定義

農地法における世帯員等とは、以下の者を指す。

① 住居および生計を一にする親族（注１）

② 上記親族の行う耕作または養畜の事業（以下「**耕作等の事業**」という。）に従事するその他の２親等内の親族（注２）

（注１） 親 族

a **親族**については、民法725条に定義があり、６親等内の血族、配偶者および３親等内の姻族を指すとされている。ここでいう**血族**とは自然の血のつながりのある者をいう。例えば、親Aから見て子B（長男）・C（次男）がいる場合、同人らには血縁関係があるので、A、BおよびC

は、相互に血族に当たる。また、**姻族**とは、婚姻を通じてつながりのある者を指す。例えば、子Bに配偶者Dがいる場合、AとDは相互に姻族に当たる。なお、**親等**は親族間の世代の数によって決まる。

b　ただし、法２条２項でいう**世帯員等**に当たるためには、農地の権利を取得しようとする者（３条許可申請者）を基準として、原則として、同人と住居および生計を一にする親族でなくてはならない。例えば、上記の例で、第三者から農地上の権利を取得しようとする者がAである場合、Cが、Aと住居および生計を同じくしていれば、Aから見てCは世帯員等に当たり、世帯合算の適用が認められることになる。半面、Cが住居および生計をAと異にしていれば、原則として、Cは世帯員等には該当しない。ただし、仮にCがAと住居または生計を異にしても、同条２項各号の定める要件のいずれかを満たせば、それは一時的なものにすぎないと解されて依然として住居および生計を同一にする親族と同様の取扱いが肯定される。例えば、Cが遠方の都会で学生生活を送っている場合がこれに当たる（就学。法２条２項２号）。なお、法２条２項各号で定める事由とは、①疾病または負傷による療養、②就学、③公選による公職への就任、④その他省令で定める事由の４つである。

（注2）　世帯員等

a　上記のとおり、世帯員等に当たるためには、農地の権利取得者を基準として、原則として、同人と住居および生計を同一にすることが必要となる。しかし、農村部においても核家族化の進展が著しい今日にあっては、上記原則を維持することは極めて困難と考えられる。そこで、当該親族の行う耕作等の事業に（現に）従事するその他の２親等内の親族に限り、住居または生計を同一にしなくても、世帯員等に含まれることとされている。

b　ここで、上記「当該親族」の定義が問題となる。形式的な文理解釈によれば、権利取得者A自身は除外されることになるはずであるが（法３条２項１号参照）、それでは本条の趣旨に沿わなくなるため、ここでいう「当該親族」には権利取得者であるA自身も含まれると解する。仮に子Bとその妻Dが、権利取得者であるAの耕作事業（農業）に従事していれば、たとえAとは別の世帯で独立して生活していたとしても、本項の世帯員等に含まれることになる。

c　上記の例で、例えば、子Cが、一時的に故郷を離れ学業に励んでいるところ、（親Aが農業を行っている市内において）C自身の名義で農地の権利を取得することは認められるか。この場合にも世帯合算を認めてこれを肯定しようとする見解があるが、その立場は、世帯合算の趣旨を不当に拡大する結果となって相当性を欠く。世帯合算の趣旨とは、農地の権利取得者を中心に、周辺に存在する一定範囲の親族を取り込んで３条許可の可否を考えようとする考え方だからである。権利取得者であるCから見た場合、A・B・Dは、現時点で、いずれもCと住居および生計を同一にしていない。また、A・B・Dら自身に関し、法２条２項各号に該当する事由も生じていない。したがって、このケースの場合、世帯合算を行うことは認められず、Cが農地の権利を取得することはできない。

２－４　農地所有適格法人

（１）　**農地所有適格法人**とは、法２条３項の定める要件を全て満たした法人をいう（法２条３項１号～４号）。農地法が、農地所有適格法人として認める法人の形態は、農事組合法人、株式会社（ただし、公開会社でないものに限る。）または持分会社（合名・合資・合同会社）に限定される。

（２）　農地所有適格法人は、行い得る事業目的が制限されており、主たる事業は**農業**に限定される（法２条３項１号）。また、株式会社においては、議決権の行使を通じて農業関係者以外の者が会社の支配権を得ることは好ましくない事態であると考えられる。そのため、その防止策として、法は２条３項２号イからチまでに掲げる株主（広い意味の農業関係者）の有する議決権の合計が、総株主の有する議決権の過半数を占めることを要求する（法２条３項２号。同じく持分会社においても、上記の要件を満たす社員の数と総社員の数の関係についても同様の規制が及ぶ。）。なお、この議決権要件については、一部緩和の方向にある。

（３）　さらに、法人の意思決定ないし業務執行に当たる役員要件（理事者要件）についても、農業関係者以外の者による会社支配を防止するための規制が置かれている。すなわち、法人の行う農業に常時従事している構成員（**常時従事者**。法２条３項２号ホ・同条４項、規９条）が、**役員**（農事組合法人にあっては理事、株式会社にあっては取締役、持分会社にあっては業務執行社員を指す。）の総数の過半数を占めていることも必要とされる（法２条３項３号）。例えば、A株式会社に３人の取締役が存在する場合、うち２名は**常時従事者**でなければならない（規９条１項１号は、原則として、法人の行う農業に年間150日以上従事する必要があると定める。）。

なお、法人の役員または農林水産省令で定める使用人（いずれも常時従事者に限る。）のうち、１人以上の者は、法人の行う農業に必要な**農作業**に１年間に農林水産省令で定める日数以上、従事する必要がある（規８条は、農作業に従事する日数は、原則として、60日と定める。）。

（農地について権利を有する者の責務）

第２条の２　農地について所有権又は賃借権その他の使用及び収益を目的とする権利を有する者は、当該農地の農業上の適正かつ効率的な利用を確保するようにしなければならない。

【注 釈】

２の２　本条の趣旨

同条の趣旨について、処理基準は、法１条で示された農地の意味ないし性格を踏まえた上、「農地について権利を有する全ての者を対象として、農地の農業上の適正かつ効率的な利用を確保する責務があることが明確にされている」と解釈する（処理基準第２）。

この条文は、国民の権利義務に直接影響を与えるものではない。ただし、農地法の個別条文の解釈に当たって本条の趣旨を考慮することは許される。例えば、法18条２項は、当事者が農地賃貸借を解除するに当たっては、事前に都道府県知事の許可を得ることを要すると定める。具体的な申請を受けて、許可権者において、許可要件の１つである同項６号の「その他正当の事由がある場合」に該当するか否かを検討する際に法２条の２の趣旨を考慮することができる。

第２章　権利移動及び転用の制限等

（農地又は採草放牧地の権利移動の制限）

第３条　農地又は採草放牧地について所有権を移転し、又は地上権、永小作権、質権、使用貸借による権利、賃借権若しくはその他の使用及び収益を目的とする権利を設定し、若しくは移転する場合には、政令で定めるところにより、当事者が農業委員会の許可を受けなければならない。ただし、次の各号のいずれかに該当する場合及び第５条第１項本文に規定する場合は、この限りでない。

一　第46条第１項又は第47条の規定によつて所有権が移転される場合

二　削除

三　第37条から第40条までの規定によつて農地中間管理権（農地中間管理事業の推進に関する法律第２条第５項に規定する農地中間管理権をいう。以下同じ。）が設定される場合

四　第41条の規定によつて同条第１項に規定する利用権が設定される場合

五　これらの権利を取得する者が国又は都道府県である場合

六　土地改良法（昭和24年法律第195号）、農業振興地域の整備に関する法律（昭和44年法律第58号）、集落地域整備法（昭和62年法律第63号）又は市民農園整備促進法（平成２年法律第44号）による交換分合によつてこれらの権利が設定され、又は移転される場合

七　農地中間管理事業の推進に関する法律第18条第７項の規定による公告があつた農用地利用集積等促進計画の定めるところによつて同条第１項の権利が設定され、又は移転される場合

八　特定農山村地域における農林業等の活性化のための基盤整備の促

進に関する法律（平成５年法律第72号）第９条第１項の規定による公告があつた所有権移転等促進計画の定めるところによつて同法第２条第３項第３号の権利が設定され、又は移転される場合

九　農山漁村の活性化のための定住等及び地域間交流の促進に関する法律（平成19年法律第48号）第９条第１項の規定による公告があつた所有権移転等促進計画の定めるところによつて同法第５条第10項の権利が設定され、又は移転される場合

九の二　農林漁業の健全な発展と調和のとれた再生可能エネルギー電気の発電の促進に関する法律（平成25年法律第81号）第17条の規定による公告があつた所有権移転等促進計画の定めるところによつて同法第５条第４項の権利が設定され、又は移転される場合

十　民事調停法（昭和26年法律第222号）による農事調停によつてこれらの権利が設定され、又は移転される場合

十一　土地収用法（昭和26年法律第219号）その他の法律によつて農地若しくは採草放牧地又はこれらに関する権利が収用され、又は使用される場合

十二　遺産の分割、民法（明治29年法律第89号）第768条第２項（同法第749条及び第771条において準用する場合を含む。）の規定による財産の分与に関する裁判若しくは調停又は同法第958条の２の規定による相続財産の分与に関する裁判によつてこれらの権利が設定され、又は移転される場合

十三　農地中間管理機構が、農林水産省令で定めるところによりあらかじめ農業委員会に届け出て、農業経営基盤強化促進法第７条第１号に掲げる事業の実施によりこれらの権利を取得する場合

十四　農業協同組合法第10条第３項の信託の引受けの事業又は農業経営基盤強化促進法第７条第２号に掲げる事業（以下これらを「信託事業」という。）を行う農業協同組合又は農地中間管理機構が信託事業による信託の引受けにより所有権を取得する場合及び当該信託の

終了によりその委託者又はその一般承継人が所有権を取得する場合

十四の二　農地中間管理機構が、農林水産省令で定めるところによりあらかじめ農業委員会に届け出て、農地中間管理事業（農地中間管理事業の推進に関する法律第２条第３項に規定する農地中間管理事業をいう。以下同じ。）の実施により農地中間管理権又は経営受託権（同法第８条第３項第３号ロに規定する経営受託権をいう。）を取得する場合

十四の三　農地中間管理機構が引き受けた農地貸付信託（農地中間管理事業の推進に関する法律第２条第５項第２号に規定する農地貸付信託をいう。）の終了によりその委託者又はその一般承継人が所有権を取得する場合

十五　地方自治法（昭和22年法律第67号）第252条の19第１項の指定都市（以下単に「指定都市」という。）が古都における歴史的風土の保存に関する特別措置法（昭和41年法律第１号）第19条の規定に基づいてする同法第11条第１項の規定による買入れによつて所有権を取得する場合

十六　その他農林水産省令で定める場合

2　前項の許可は、次の各号のいずれかに該当する場合には、することができない。ただし、民法第269条の２第１項の地上権又はこれと内容を同じくするその他の権利が設定され、又は移転されるとき、農業協同組合法第10条第２項に規定する事業を行う農業協同組合又は農業協同組合連合会が農地又は採草放牧地の所有者から同項の委託を受けることにより第１号に掲げる権利が取得されることとなるとき、同法第11条の50第１項第１号に掲げる場合において農業協同組合又は農業協同組合連合会が使用貸借による権利又は賃借権を取得するとき、並びに第１号、第２号及び第４号に掲げる場合において政令で定める相当の事由があるときは、この限りでない。

一　所有権、地上権、永小作権、質権、使用貸借による権利、賃借権若しくはその他の使用及び収益を目的とする権利を取得しようとす

る者又はその世帯員等の耕作又は養畜の事業に必要な機械の所有の状況、農作業に従事する者の数等からみて、これらの者がその取得後において耕作又は養畜の事業に供すべき農地及び採草放牧地の全てを効率的に利用して耕作又は養畜の事業を行うと認められない場合

二　農地所有適格法人以外の法人が前号に掲げる権利を取得しようとする場合

三　信託の引受けにより第1号に掲げる権利が取得される場合

四　第1号に掲げる権利を取得しようとする者（農地所有適格法人を除く。）又はその世帯員等がその取得後において行う耕作又は養畜の事業に必要な農作業に常時従事すると認められない場合

五　農地又は採草放牧地につき所有権以外の権原に基づいて耕作又は養畜の事業を行う者がその土地を貸し付け、又は質入れしようとする場合（当該事業を行う者又はその世帯員等の死亡又は第2条第2項各号に掲げる事由によりその土地について耕作、採草又は家畜の放牧をすることができないため一時貸し付けようとする場合、当該事業を行う者がその土地をその世帯員等に貸し付けようとする場合、その土地を水田裏作（田において稲を通常栽培する期間以外の期間稲以外の作物を栽培することをいう。以下同じ。）の目的に供するため貸し付けようとする場合及び農地所有適格法人の常時従事者たる構成員がその土地をその法人に貸し付けようとする場合を除く。）

六　第1号に掲げる権利を取得しようとする者又はその世帯員等がその取得後において行う耕作又は養畜の事業の内容並びにその農地又は採草放牧地の位置及び規模からみて、農地の集団化、農作業の効率化その他周辺の地域における農地又は採草放牧地の農業上の効率的かつ総合的な利用の確保に支障を生ずるおそれがあると認められる場合

3　農業委員会は、農地又は採草放牧地について使用貸借による権利又

は賃借権が設定される場合において、次に掲げる要件の全てを満たすときは、前項（第２号及び第４号に係る部分に限る。）の規定にかかわらず、第１項の許可をすることができる。
一　これらの権利を取得しようとする者がその取得後においてその農地又は採草放牧地を適正に利用していないと認められる場合に使用貸借又は賃貸借の解除をする旨の条件が書面による契約において付されていること。
二　これらの権利を取得しようとする者が地域の農業における他の農業者との適切な役割分担の下に継続的かつ安定的に農業経営を行うと見込まれること。
三　これらの権利を取得しようとする者が法人である場合にあつては、その法人の業務を執行する役員又は農林水産省令で定める使用人（次条第１項第３号において「業務執行役員等」という。）のうち、１人以上の者がその法人の行う耕作又は養畜の事業に常時従事すると認められること。

4　農業委員会は、前項の規定により第１項の許可をしようとするときは、あらかじめ、その旨を市町村長に通知するものとする。この場合において、当該通知を受けた市町村長は、市町村の区域における農地又は採草放牧地の農業上の適正かつ総合的な利用を確保する見地から必要があると認めるときは、意見を述べることができる。

5　第１項の許可は、条件をつけてすることができる。

6　第１項の許可を受けないでした行為は、その効力を生じない。

【注 釈】

3－1　3条の趣旨・目的

（1）　本条は、農地または採草放牧地（以下「**農地等**」という。）について、転用目的を除く権利移転・設定行為が行われる機会を捉え、当事者に対し、農業委員会の許可を受けることを求めたものである。

第1に、法3条1項の許可権者は、**農業委員会**である。(注)

第2に、当事者間で許可を受けないで契約した場合、権利移転・設定の効力が生じないものとされている(3条許可は効力発生要件である。法3条6項)。その趣旨は、同条2項各号列記の規定(許可要件)から考察すると、主に耕作または養畜(以下「**耕作等**」という。)の事業を目的としない農地等の権利移転・設定を規制するとともに、農地等の農業上の効率的かつ総合的な利用の確保を図ろうとしたものと解される(⇒3－9)。

ところで、ここで「農地等」と記載したが、農地等のうち、採草放牧地については農地とやや異なる規制がかけられている。第三者との間で、採草放牧地を採草放牧地以外のものとする行為を行うためには、原則として、5条転用許可を要する(⇒5－1(1))。ただし、その例外として、これを農地に変更する場合は、5条ではなく3条許可が必要となる。

なお、採草放牧地を、法4条に基づき自己転用する場合は、農地法上の規制は特に設けられていない。

このように、農地法は、形式的には農地および採草放牧地の両方について規制を定めているが、現実的に問題となるのはほとんど全ての場合、農地であることに留意する必要がある。

以上のことから、例えば、AとBが、A所有の農地甲をBに売却する合意をしたとしても、当該行為について農業委員会の許可を受けない限り、農地甲の所有権はBに移転しない。

(注) 農業委員会とは

自治法138条の4第1項により、普通地方公共団体(都道府県および市町村)に、執行機関として、その長のほか委員会または委員を置くとされている。農業委員会は、市町村に置くことが義務付けられた執行機関の１つである（自治180条の５第３項)。農業委員会についての詳細を定めるのが農業委員会等に関する法律（以下「**農委法**」という。）である。農委法３条１項は、「市町村に農業委員会を置く。ただし、その区域内に農地のない市長村には、農業委員会を置かない」と定めている。農業委員会は、委員をもって組織される（農委４条１項)。当該委員は**農業委員**と呼ばれる。農業委員は、農業に関する識見を有し、農地等の利用の最適化の推進に関する事項その他の農業委員会の所掌に属する事項に関しその職務を適切に行うことができる者のうちから、市町村長が、議会の同意を得て、任命する（農委８条１項)。その他に、農業委員会が委嘱した農地利用最適化推進委員（以下「**推進委員**」という。）が存在している（農委17条１項)。農業委員または推進委員は、いずれも**特別職**の地方公務員に当たり（地方公務員法（以下「**地公法**」という。）３条３項)、両者とも守秘義務を負う（農委14条・24条)。また、農業委員会の事務を処理する者として職員が置かれる（農委26条１項)。**職員**は、一般職の地方公務員であり（地公３条２項)、農業委員会の**会長**（農委５条１項）の指揮を受けて農業委員会の事務に従事する（農委26条４項）なお、職員は、地公法の適用を受ける（地公４条１項)。一方、特別職に属する地方公務員には、原則として、地公法の適用はない（同条２項)。

（２） ここで、本条の構造について簡単に指摘する。本条は、まず１項で、農地等について特定の権利に関し、一定の行為を行う場合に「農業委員会の許可を受けなければならない」と定める。そのため、許可を受けることが義務付けられる「権利」および「行為」とは何を指すのかという点について理解する必要がある。ところが、同項ただし書は、「次の各号のいずれかに該当する場合及び第５条第１項本文に該当する場合は、この限りでない」と定め、許可を必要としないものと定める。

そのため、具体的な問題を検討するに当たっては、その手順として、

（ｉ）問題とされた権利および行為が、本条１項本文の規制対象とされているか否か、（ⅱ）仮にこれに該当する場合、同項ただし書に列挙された事由に該当するか否かを確認することになる（ただし書に該当すれば、農業委員会の許可を受ける必要はない。）。

３－２　本条の規制対象となる権利（その１　物権）

（１）　本条１項の規制対象とされる権利は、以下に示すとおり、所有権、地上権、永小作権、質権、使用貸借による権利、賃借権その他の使用および収益を目的とする権利である。したがって、例えば、抵当権の設定については、規制の対象とされていないことが分かる。

権　利　の　種　類	設定	移転	備考
所有権	－	○	物権
地上権	○	○	〃
永小作権	○	○	〃
質権	○	○	〃
使用貸借による権利	○	○	債権
賃借権	○	○	〃
その他の使用・収益を目的とする権利	○	○	〃

なお、以下、本書においては、法３条１項本文に掲げられた所有権から、その他の使用・収益を目的とする権利までを総称して「**所有権等**」と呼ぶことがある。

（2） **所有権**については、民法206条に規定が置かれている。それによれば、所有者は、法令の制限内において、自由にその所有物の使用、収益および処分をする権利を有する。

ア　所有権は、有体物（物。動産および不動産）を目的とする権利であり、物に対する全面的かつ排他的支配権である。土地も物の一種であるが、土地の所有権については、法令の制限内において、その土地の上下の範囲に及ぶとされている（民207条）。

例えば、農地甲を所有するAは、当該農地の上下の範囲にAの所有権が及ぶため、その農地の地下部分を利用してサツマイモを栽培し、あるいは地上部分においてミカンを生産することができる。ただし、土地所有権は上下の範囲に及ぶとしても、土地の使用に全く影響のない高度（または深度）にまで無限に及ぶものではないと解される（通説）。

イ　ここで、所有権と基本的に同じ性質を持つ共有について簡単に触れる。判例によれば、**共有**（共同所有）とは、ある物について、数人が共同して1個の所有権を有する関係を指す。1個の物の上に複数の所有権が併存する関係といえよう。

そして、各共有者は、共有物について権利を有するが、これを**持分**ないし**持分権**という（持分権は、基本的に所有権と同質の権利である。）。各共有者は、共有物の全部について、自己の有する**持分**（持分権）に応じた使用することができる（民249条1項）。仮に共有者のうちの一部の者が、合意のないまま持分割合を超える使用をした場合、他の共有者は同人に対し、不当利得の返還を請求することができる（同条2項）。

共有物の処分または管理については民法上の規制がある。すなわち、共有物の**処分または変更**（形状または効用の著しい変更を伴うものを指す。）の場合、共有者全員の一致が必要となる（民251条1項）。これに対し、共有物の**管理**（狭義の管理行為＋形状または効用の著しい変更を

伴わない変更を指す＝軽微な変更）の場合、共有者の持分価格の過半数の同意で足りる（民252条１項）。（注）

（注） 民法から見た賃借権をめぐる若干の問題

a 民法上、法３条の許可を受けて農地に賃借権を設定しようとする行為はどのような規律に服するか。この点について民法252条４項本文は、共有物の管理行為の性質を持つものとして、「当該各号に定める期間を超えないものを設定することができる」と定める。そして同項２号は、一般の土地の賃借権については５年を限度として認める。ところが、法３条の許可を受けて農地に賃借権を設定した場合、当該賃借権については法定更新の適用があるため（法17条）、適法に更新拒絶の通知をした場合を除き、期間満了後に生じる「期限の定めのない賃貸借」について賃貸人が解約の申入れをしたとしても、事前に都道府県知事の許可を受けていない限り、同申入れは無効とされる（法18条５項）。このように、法３条の適用が肯定される賃貸借は、民法252条４項２号の定める管理行為の範囲を逸脱することになり得るため、共有者の持分価格の過半数で賃貸借契約を締結することはできないと解する（共有者全員の同意が必要となる。）。

b 仮に農業委員会に対し、上記と同様の内容を持つ３条許可申請が提出された場合、どのように対処すべきか。最高裁の判例がないため確実なことはいえないが、農業委員会としては、原則として、許可申請者の私法上の権利関係に立ち入って審査を行う必要はないと解される。農地転用関係の事例であるが、当事者の私法上の権利関係は、農業政策上考慮されるべき事項ではないと判断した下級審判決がある（大阪地判昭33・４・28行集９・４・582）。したがって、農業委員会としては、民法的には疑義のある内容の申請であっても、農地法が要求する許可要件を全て満たしていると認める限り、許可処分をすれば足りる。

c 法３条の適用を受ける契約には、もちろん使用貸借（契約）も含まれる（⇒３－３(１)）。ここで、宅地に関する下級審判決であるが、返還時期の定めのない、堅固な建物の敷地として使用する目的のある使用貸借の締結は、管理行為ではなく処分行為に当たると判断したものがある。その根拠として、共有物について使用貸借契約を結ぶ行為は、賃貸借と異なって金銭的補償がないまま当事者以外の共有者の使用収益権を著しく制限することになるため、管理行為と考えることは不当であるという理由が挙げられている（東京地判平18・1・26金判1237・47）。

d　農地を共有する複数の賃貸人が賃貸借契約を解除し、または更新拒絶の通知を相手方（賃借人）に対して行おうとする場合、事前に都道府県知事の許可を受ける必要があるが、これらの行為は管理行為に属すると考えられ、農地法18条の許可申請に当たっては、農地共有者の持分価格の過半数の同意で行い得ると解する。

（3）　**地上権**は、他人の土地において、工作物または竹木を所有するため、その土地を使用する権利である（民265条）。地上権の場合、所有の対象とされるのは工作物と竹木である。

第1に、**工作物**とは、地上または地下に設置される人工的な構造物を指し、例えば、建物、土塀、側溝、水路、トンネル、人口池等をいう。第2に、**竹木**とは、文字どおり竹と木を指す。例えば、スギ、ヒノキ、モミジ、ミカンの木などを指す。ここで、民法学の多数説は、桑、茶、果樹などのように植栽することが耕作と認められるものについては、地上権を設定することは認め難いと解する（永小作権を設定すべきであるとする。）。

そうすると、第1に、農地に人工的な構造物を設置しようとすれば、必然的に農地の転用に該当することになるため、本条が適用される具体的な場面を想定することは困難である。第2に、竹木のうち、スギやヒノキを植えることは一般に転用行為に該当すると考えられるため、その場合に本条が適用されることはない。また、桑、茶、果樹等を植栽するために地上権を設定することも、上記のとおり、民法の解釈論としては困難である。第3に、近時の民法改正によって長期間にわたる賃借権の設定も可能となった（50年間。民604条）。したがって、現時点では、本条が地上権について明記しておく実益は希薄となったといえよう。

（4） **永小作権**について、民法270条は、永小作人は、小作料を支払って他人の土地において耕作または牧畜をする権利を有すると定める。永小作権の存続期間は、20年以上50年以下とされる。また、設定行為で50年より長い期間を定めたときであっても、その期間は50年に短縮するとされている（民278条1項）。さらに、永小作権は更新することができる。ただし、その存続期間は、更新の時から50年を超えることができない（同条2項）。永小作権は物権であるため、原則として、自由にその権利を他人に譲渡することができるし（民272条）、また、権利の存続期間内において、耕作または牧畜のため永小作権が設定されている土地を他人に賃貸することも自由とされている（同条）。ただし、設定行為で禁じたときは、この限りでない（同条ただし書）。

このように、永小作権の設定者（通常は土地所有者）にとって一方的に不利な内容を持つ契約を、土地所有者があえて締結する動機または必要性は見当たらない。また、農地法3条許可の統計数値を見ても、永小作権設定の申請実例は皆無に近い。よって、法3条1項が永小作権をわざわざ明記しておく実益はない。

（5） **質権**について、民法342条は、「質権者は、その債権の担保として債務者又は第三者から受け取った物を占有し、かつ、その物について他の債権者に先立って自己の債権の弁済を受ける権利を有する」と定める。また、民法344条は、「質権の設定は、債権者にその目的物を引き渡すことによって、その効力を生ずる」と定める。このように、質権は、債権者と担保物提供者との合意で成立する約定担保物権であるが、引渡しが効力発生要件とされている。

農地を担保目的物とする場合（**不動産質権**。民356条）、更に法３条の許可を受けることも効力発生要件となる。不動産質権者は、目的物である不動産についてその使用・収益をすることができるとされている（民356条）。しかし、担保となる農地について不動産質権の設定を受けようとする金融業者において、法３条の耕作適格者要件を具備することは決して容易とは考えられず、法３条許可を受けることは事実上不可能に近い。したがって、質権についても、法３条１項で明記しておく意味は極めて低いといわざるを得ない。

以上、地上権、永小作権および質権については、確かに、実務上の存在意義は極めて小さいのであるが、しかし、これらの権利についても法の規制が及ぶよう手当しておく必要はあり、やむなくここに書かれているにすぎないといえよう。

３－３　本条の規制対象となる権利（その２　債権）

（１）　**使用貸借**（契約）によって借主に生じる権利を**使用貸借による権利**という。

ア　使用貸借については、民法593条に規定がある。すなわち、同条は、「使用貸借は、当事者の一方がある物を引き渡すことを約し、相手方がその受け取った物について無償で使用及び収益をして契約が終了したときに返還をすることを約することによって、その効力を生ずる」と定める。使用貸借は、借用物について使用の対価を支払わない無償契約である。また、上記のとおり、当事者間の合意のみによって効力が生じる**諾成契約**である（ただし、農地については、農地法による規制があるため、法３条の許可を受けないとその効力が生じないことはいうまでもない。)。

イ　使用貸借の場合、借主は、契約または目的物の性質によって定まった用法に従い、その物の使用および収益をしなければならない（**用法遵守義務**。民594条１項)。また、貸主の承諾を得なければ、第三者に借用物の使用または収益をさせることができない（同条２項)。借主がこれらの義務に違反した場合、貸主は、直ちに契約を解除することができる（同条３項。催告不要)。契約を解除した場合、遡及効は認められないと解される（賃貸借と同じ継続的契約だからである。民620条。⇒３－３(２)カ)。

ウ　使用貸借の期間については、次のようなルールが定められている。第１に、当事者が期間を定めたときは、期間が満了することによって終了する（民597条１項)。例えば、使用貸借の期間を５年と定めた場合、５年の期間が満了することによって使用貸借は当然に終了する（その結果、借主は、目的物を貸主に返還することを要する。)。

第２に、仮に期間を定めなかった場合において、使用および収益の目的を定めたときは、借主がその目的に従い使用および収益を終えることによって終了する（同条２項)。同じく使用・収益の目的を定めたが、借主が使用・収益をするのに足りる期間を経過したときは、貸主は契約の解除をすることができる（民598条１項)。

第３に、上記の期間および目的の両方を定めなかったときは、貸主はいつでも契約を解除することができる（同条２項)。なお、借主はいつでも契約を解除できるし（同条３項)、借主が死亡した場合、使用貸借は終了する（民597条３項)。

(２)　**賃借権**は、当事者が**賃貸借**（契約）を締結することによって、賃借人に発生する権利である（民601条。ただし、農地については、法３条の許可を受けないとその効力が生じないことはいうまでもない。)。一般に、農地を使用・収益するための具体的手段として、他人から農地所有権の移転を受ける場合を除けば、これに賃借権を設定する場合が極めて多いと考えられる。そのため、賃借権については、特に正確な理解が求められる。

ア　賃借権の存続期間は50年を超えることができない。仮に契約でこれよりも長い期間を定めたとしても、50年に短縮される（民604条１項)。賃貸借の期間は更新することができるが、更新時から50年を超えることができない（同条２項)。

イ　法３条の許可を受けた農地の賃貸借（賃借権）は、次のような特別の効力を持つ。

第１に**対抗力**である。民法の原則によれば（民605条)、賃借権は、これを登記しないと、第三者に対する対抗力（農地の売買などによって農地の所有者に変動が生じても、賃借人の地位に影響が及ばないという効力）がないとされている。しかし、農地の賃借人の場合、賃借権の登記がなくても農地の引渡しがあれば、当該農地について物権を取得した第三者に対し、賃借権を対抗することができる（法16条)。つまり、自分が当該農地の正当な賃借人であることを主張することができる（⇒16－２(１))。

では、このように、当該農地の所有権が第三者に移転した場合、賃貸人たる地位はどうなるか。この場合、賃貸人たる地位は、農地の譲受人に移転するとされている（民605条の２第１項)。ただし、農地の譲受人が、自分が新たに賃貸人となったこと（賃貸人の地位の移転）を賃借人に対して主張するためには、所有権の移転登記が必要とされている（同条３項)。

第２に、**賃貸借の解除、解約等の制限**である。すなわち、農地の賃貸借の当事者は、原則として、都道府県知事の許可を受けなければ、賃貸借の解除、解約の申入れ等をすることができない（法18条１項）。これらの特則は、主に賃借人（耕作者）の地位ないし権利を強化または保護することを狙ったものである。

ウ　では、賃借人が賃借権を第三者に譲渡または移転する場合にどのような制限があるか。これについては、その**譲渡または転貸の制限**がある（民612条）。例えば、賃貸人A、賃借人Bの賃貸借契約が存在している場合、Bが賃借権を第三者Cに対して譲渡しようとすれば、賃貸人Aの承諾が必要となる。その承諾を得て適法に賃借権の譲渡が行われた場合、従前の賃借人Bは、これまで賃借人であった地位から離脱し、賃借権の譲受人であるCが新たに賃借人の地位に就く。

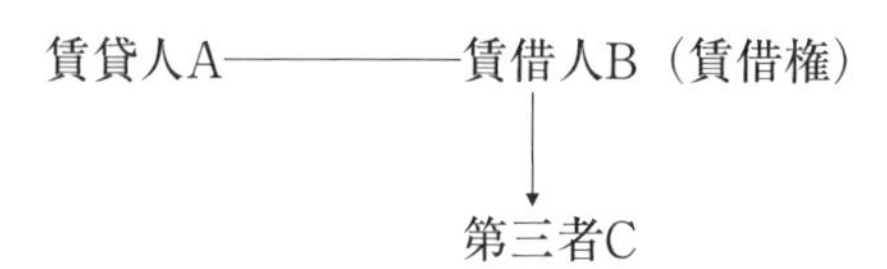

次に、転貸である。転貸とは、上記の例でいえば、賃貸人Aと賃借人Bの賃貸借関係を残しつつ、同時に賃借人Bと第三者Cの間で別個の賃貸借（転貸借）を発生させるというものである。ただし、農地法は、原則として、農地等の転貸を認めていない（法３条２項５号。不許可事由）。

エ　賃貸借の終了事由には、一般的に、①賃貸借期間の満了、②契約解除、③解約の申入れ、④合意解約、⑤更新拒絶の通知の５つのものがあると考えられる。他にやや例外的なものとして、⑥解約告知権の留保の場合がある。これらの終了事由について、以下のとおり述べる。

期間の定めの有無	賃貸借の終了事由
期間の定めあり	① 賃貸借期間の満了
	② 契約解除
	④ 合意解約
	⑤ 更新拒絶の通知
	⑥ 解約告知権の留保
期間の定めなし	② 契約の解除
	③ 解約の申入れ
	④ 合意解約

①の**賃貸借期間の満了**とは、**期間の定めのある賃貸借**について、その期間が終了することによって、賃貸借が当然に消滅する場合を指す（民622条・597条1項）。

②の**契約解除**は、当事者に**債務不履行**（契約違反）があった場合に、債務不履行を原因として契約を解除することである（民541条以下）。債務不履行の内容として、種々のものが考えられる。例えば、賃貸人に対し賃料を支払わないこと、賃借中の農地を無断で転用すること、賃貸人に対する犯罪行為などが考えられる。

ただし、賃貸借のような継続的契約関係について、判例は、いわゆる**信頼関係破壊の理論**を採用しており、仮に債務不履行と考えられる行為が生じたとしても、その行為が、賃貸人と賃借人の間の信頼関係を破壊する程度にまで至っていないと判断される場合は、解除権の発生を認めない。例えば、賃料の支払を１、２年分怠った程度では、賃貸人から行う賃貸借契約の解除は難しいと考えられる。

③の**解約の申入れ**は、対象となっている賃貸借関係が「期間の定めのない賃貸借」の場合に行われる。相手方に対し、適法に解約の申入れをすれば、土地の賃貸借の場合、申入れの日から１年を経過することによって終了する（民617条１項１号）。

その他に、上記のように賃貸借の期間を定めた場合であっても（期間の定めのある賃貸借）、当事者の一方または双方が途中で解約する権利を留保したときは（⑥**解約告知権の留保**）、「前条の規定を準用する」とされている（民618条）。したがって、この場合も解約の申入れをしてから、一定の期間（土地の場合は１年）が経過することによって賃貸借は終了する（なお、農地等の賃貸借については、法18条７項による規制がある。⇒18－８（３））。

④の**合意解約**は、当事者が解約を目的とする契約を新たに結ぶことによって、従前の賃貸借関係を解消するというものである。

⑤の**更新拒絶の通知**は、期間の定めのある賃貸借について、期間満了前に、相手方に対して賃貸借の更新を拒否することを伝える行為を指す。ここで留意すべき点として、上記のとおり、期間の定めがある賃貸借の場合、原則として、期間が満了すれば当然に賃貸借が終了することになるはずである。ところが、農地の賃貸借については、法17条本文によって、更新拒絶の通知をしない限り法定更新されると定められているため、契約関係の打ち切りを望む当事者としては、適法に更新拒絶の通知を行う必要性が生じる（⇒17－１）。法定更新された農地の賃貸借は、判例によれば、以後、期間の定めのない賃貸借となる（最判昭35・７・８民集14・９・1731）。なお、法定更新の適用が認めら

れる賃貸借（農地の賃貸借もこれに含まれる。）においては、下記民法619条の適用は排除されると解される。

オ　民法619条は、**賃貸借の更新の推定等**について定める。農地法、**借地借家法**等の特別法の適用がない一般の賃貸借については、前記のとおり、当事者間で定めた賃貸借の期間が満了すれば、契約関係は当然に終了する（ただし、期間の満了に際し、当事者間の合意で契約を更新することも可能である。民604条２項）。

ところが、賃貸借の期間が満了しているにもかかわらず、賃借人が賃借物の使用または収益を続ける状態が存在し、そのことを賃貸人が知りながら異議を述べないときは、従前の賃貸借と同一の条件で更に賃貸借をしたものと推定される（民619条１項）。この場合、各当事者は、民法617条の規定に従って解約申入れをすることができる（同項）。

法定更新の適用のない賃貸借、例えば、中間管理法18条７項の規定による公告があった農用地利用集積等促進計画の定めるところに従って設定された賃借権についても（法17条ただし書）、民法619条の適用を認めることができるか。これを肯定する立場もあるようであるが、疑問がある。なぜなら、期間が満了して賃貸借の効力が喪失した後に、当事者間で、従前の賃貸借と類似の関係が事実上継続したとしても、目的物が農地である以上、依然として農地法の規制が及んでいるからである（法３条６項）。すなわち、取得時効が成立する場合を除き、有効な賃借権は生じない（⇒３の３（３））。したがって、このような関係は法の保護を受けない「**ヤミ小作関係**」という以外にない。

カ　賃貸借を解除した場合、その解除は将来に向かってのみ効力を生ずる（民620条。**遡及効の否定**）。継続的契約の性質を持つ賃貸借について、仮に解除に遡及効を認めると、相互に、既に経過した期間について原状回復義務を負うことになって、いたずらに法律関係が複雑になるからである。

キ　賃借人が死亡した場合、同人が生前に有していた賃借権は相続人に相続される。

（3）　最後に、**その他の使用および収益を目的とする権利**について述べる。法３条１項の許可対象となる権利は、原則として、上記のとおり、民法に規定のある権利であり、このように民法に根拠を持つ権利を設定し、または移転するための契約は、一般に**有名契約**（典型契約）といわれる。

一方、民法に定めのない権利であっても、実質的に農地等を使用して収益を上げることを目的とする場合があり得る。これが、「その他の使用および収益を目的とする権利」である。このような**無名契約**（非典型契約）に基づいて発生する権利を設定し、または移転しようとする場合にも、やはり法３条の適用がある。

3－4　本条の規制対象となる行為（総説）

（1）　法３条１項の許可対象となるのは、当事者間で、上記の権利を設定し、または移転しようとする行為である。

この当事者による一定の意思表示を要素とする行為を**法律行為**という。通説的見解によれば、法律行為には、３つの類型があり、（i）双方向の２個の意思表示の合致から成る**契約**、（ii）１個の意思表示から成る**単独行為**、（iii）社団の設立行為のように複数の意思表示によって成立する**合同行為**がある。

法律行為
- （i）　契約
- （ii）　単独行為
- （iii）　合同行為

（2） 上記法律行為のうち、（ⅱ）の単独行為は、さらに、相手方によって当該意思表示が受領されることを要するものと、受領される必要がないものに区分される。前者を相手方のある単独行為といい、後者を相手方のない単独行為という。

まず、**相手方のある単独行為**とは、例えば、契約解除、債務免除等の場合がこれに当たる。契約解除は、通常、解除者が、契約を解除する意思をもって解除する旨の文書を作成し、これを相手方に対して郵送（または電子的に送信）し、これが相手方の支配圏に到達することによって効力が発生する（最判昭43・12・17民集22・13・2998）。次に、**相手方のない単独行為**とは、例えば、遺贈、共有持分放棄、相続放棄等の場合をいう。

これらの法律行為のうち、法３条の許可が現実に問題となり得るのは、契約および単独行為の場合である（合同行為については、法３条許可の対象となる場面を想定することは困難である。）。

以下、契約（⇒３－５）、相手方のある単独行為（⇒３－６）および相手方のない単独行為（⇒３－７）の順で述べる。

3－5 契 約

（1） **契約**は、原則として、双方向の関係に立つ２個の意思表示が合致することによって成立する。ここでいう契約は、私人間で通常締結されるもの以外に、行政主体（国、都道府県、市町村等）を一方（または双方）の当事者とする**行政上の契約**（行政契約）の場合も含まれる。

次に、民事執行法に基づいて裁判所によって行われる**競売**または国税徴収法に基づく滞納処分による**公売**も売買の性質を有するため、法３条の規制を受ける。競売について、判例は、法３条の許可を要するとの立場をとる（最判昭50・３・17金法751・44）。（注）

（注） 買受適格証明書

競売手続に参加して農地を買い受けようとする者（**買受人**）は、買受申出に先立って、農業委員会が発行する**買受適格証明書**の交付を受けておく必要がある。入札に参加するために必要となるからである（民執規34条・33条）。そして、入札に参加した結果、首尾よく最高価買受申出人または次順位買受申出人となった場合、正式に農業委員会に対し、法３条の許可申請を行う（単独申請）。後日、農業委員会から交付を受けた３条許可書を裁判所に提出して、売却決定期日において自分に対する売却許可決定を受ける（民執69条）。

（２） 法３条の規制対象となる行為に関し、一部に行政処分に基づくものも含まれるとする見解があるが、疑問がある。行政処分は、法令により授権された処分権限に基づき行政庁がその一方的判断をもって行うべきものであって、その際、第三者的立場にある農業委員会の行う法３条許可処分の有無によって、当該処分の効力が左右されるという仕組みは通常想定できない（このような場合、別途、明文の規定によって当該処分は３条許可除外の取扱いになると予想される。）。

（３） **共有物分割**は、共有者間で共有物を分割することである（民256条１項）。共有物分割のうち、共有者間の協議をもって行う**協議分割**の実質は、共有者相互間における共有物の各部分についての持分交換または売買と考えられ、判例によれば、法３条の許可を必要とする（最判昭42・８・25民集21・７・1729）。

なお、協議ができない場合、**共有物分割訴訟**という方法があるが（民258条１項）、この場合の取扱いについて、農地法は特段の規定を置いていない。しかし、共有者は、その持分に応じ共有物の全部について使用・収益する権利が認められている（民249条１項）。また、遺産の分割、財産分与の裁判または相続財産の分与に関する裁判によって農地の権利が設定または移転される場合は許可を受ける必要はないと規定されていることから（法３条１項12号）、疑問も残るが、当該規定を類推適用し、許可を受ける必要はないと解する。（注）

（注）　共有物の譲渡

共有物について持分を有する者が、当該持分を他人に譲渡（売買、贈与等）しようとする場合、当該行為は、契約による持分（所有権）の移転に当たるため、法３条の許可を必要とする（⇒３－２（２）イ）。この場合、他の共有者の同意は不要である。また、共有物の持分全部を譲渡する場合も移転に当たるため、同様に法３条の許可を必要とする。この移転行為は、共有者全員の持分の処分に当たると考えられ、共有者全員の同意が必要となる。

（４）　**譲渡担保**も法３条の許可を必要とする。譲渡担保は、債権の担保として、債務者から債権者に対し財産権を譲渡することを指す（ただし、民法には規定がない。）。債務者が、債権者に対し、自分が所有する農地を担保目的で譲渡しようとする場合、法３条の許可を要する（東京高判昭55・７・10判時975・39）。

（５）　一般に**契約解除**には、大きく、合意解除（合意解約）、約定解除および債務不履行を原因とする法定解除の３つの種類がある。

契約解除
- （ⅰ）　合意解除（合意解約）
- （ⅱ）　約定解除
- （ⅲ）　法定解除

これらのうち、（ⅰ）の**合意解除**は、基本的に契約という性質を持つ。当初の契約の効力が発生した後に、当事者間で新たな合意（契約）を行って従前の契約関係を解消しようとするものである（**合意解約**または**解除契約**と呼ばれることもある。⇒３－３（２）エ）。

例えば、AからBに対して農地の所有権が移転した後に、双方合意の上で、農地の所有権を元に戻そうとする場合（B→A）、当該行為は、新たな権利移動に該当すると考えられるため、法3条の許可を要する。

続いて、約定解除および法定解除は、いずれも相手方のある単独行為の性質を持つため、引き続き以下のとおり解説する。

3－6　相手方のある単独行為

（1）　前記のとおり、1個の意思表示から成る行為を単独行為という（⇒3－4（1））。上記の契約解除のうち、（ⅱ）の**約定解除**は、契約締結時の当事者間の合意（特約）に基づき、当事者の一方または双方に解除権（**約定解除権**）を付与し、それを根拠として契約を解除する場合をいう（この場合を**解約告知**と呼ぶことがある。）。

このように、約定解除権は、双方の合意に基づく契約によって発生するが、しかし、その行使は、1個の意思表示から成る単独行為である。一例として、**買戻権の行使**の場合を挙げることができる（民579条）。買戻しとは、売主が、不動産の売買契約と同時に契約解除権を留保する買戻特約を結び、後日、当該解除権を行使することによって不動産を取り戻すことを指す。判例は、買戻権の行使に当たっても法3条の許可が必要との立場をとる（最判昭42・1・20判時476・31）。

また、法3条3項1号の「条件」とは、実は、民法で定められている条件ではない。正しくは、賃貸借契約当事者間の合意によって、将来、特定の事由が発生した場合に限って契約解除権の行使を賃貸人に対して特に認める旨の特約である（⇒3－12（2））。農林水産省の事務処理要領では、「解除条件付契約」と理解しているようであるが（事務処理要領第10・8）、これは法的に間違った認識である。

なお、約定解除権の行使による契約解除の場合は、解除権発生の原因が、当初の当事者間の契約（自由意思）に求められるため、法３条の許可が必要と解される。

（２） 次に、契約解除のうち、債務不履行を原因とする（iii）の**法定解除**の場合（民541条）、解除によって遡及的に契約の効力が失われる（ただし、継続的契約関係の場合を除く。民620条）。

例えば、農地の所有者ＡとＢの間で農地の売買契約が成立し、法３条の許可を受けて農地所有権がＡからＢに移転したところ、後日、Ｂの売買代金不払い（債務不履行）が発生し、Ａによって上記売買解約が解除された場合、農地の所有権はＡに戻る。このような法定解除について、判例は、「売買契約の解除は、その取消の場合と同様に、初めから売買のなかった状態に戻すだけのことであって、（中略）農地法３条の関するところではない」との立場をとり、法３条の許可を不要とする（最判昭38・９・20民集17・８・1006）。

３－７ 相手方のない単独行為

（１） **遺贈**は、遺言による財産の無償譲渡であって、**遺言者**の一方的な意思表示によって成立する（相手方のない単独行為）。

ア 遺言が効力を生じるのは、遺言者が死亡した時である（民985条１項）。ただし、民法985条２項は、「遺言に停止条件を付した場合において、その条件が遺言者の死亡後に成就したときは、遺言は、条件が成就した時からその効力を生ずる」と定める。

ここでいう「停止条件」とは、ある事実が成就することによって法律行為の効力が発生する場合をいう（民127条１項。⇒３－12（２）ア）。これに対し、法３条の許可は、法律が定めているものであるため**法定条件**と呼ぶ。法定条件としての性格を持つ法３条も、許可申請者が許可を受けることによって契約の効力が生じると定める（法３条６項）。

この点において上記停止条件と類似し、遺言についても法３条許可を受けることによって効力が生ずると解することができる。

イ　ところで、遺贈によって財産を与えられる者を**受遺者**（相続人、非相続人、法人等が受遺者となることができる。）という。遺贈には、与える財産が特定された**特定遺贈**と、相続財産の全部またはその何パーセント（何割）を与えるとする**包括遺贈**がある（民964条）。

農地の遺贈について最初に問題となるのは、法３条許可の要否の点である。この点について、法３条１項16号および農地法施行規則（以下「**規則**」という。）15条５号は、「包括遺贈又は相続人に対する特定遺贈により法第３条第１項の権利が取得される場合」は許可を要しない旨を明記している。したがって、包括遺贈の場合および相続人が特定遺贈を受ける場合については、許可除外となる。

例えば、遺言者Aが、自分が所有する特定の農地甲を相続人である長男Bに遺贈した場合、（Bは３条許可を受ける必要がないため）Aが死亡すると同時に遺贈の効力が生じ（**物権的効力説**）、農地甲の所有権は直ちにBに移転する。その場合、他に相続人としてAの次男Cが存在する場合、Cは、相続を原因としてAの地位を承継するため、遺贈義務を負担する。そのため、Cは、農地甲をBに引き渡す義務を負うほか、対抗要件としての移転登記を行う義務を負う（登記義務者Cと登記権利者Bは、遺贈を原因とする所有権移転登記を共同申請する。）。（注１）

ウ　次に問題となるのは、仮に法３条の許可を要する事例の場合、誰が農業委員会に対し許可申請の手続をするかという点である。

例えば、遺言者Aが、相続人Cがいるにもかかわらず、特定の農地乙を非相続人であるDに対し遺贈する旨の遺言書を作成し、その後に死亡した場合、法３条の許可を受けない限り、遺贈は効力を生じない（民985条２項）。この場合、農地乙の所有権は、相続を原因として相続人C

に承継されている。

ところで、農地法においては、原則として、**双方申請の原則**が採用されている（規10条１項本文「申請書を提出する場合には、当事者が連署するものとする」）。しかし同時に、法は例外的取扱いも認めており、単独申請が許される場合が認められている（規10条１項ただし書）。それは、次のようなものである。

号	単独申請が認められる場合
1	強制競売、担保権の実行としての競売、公売、遺贈その他の単独行為
2	判決の確定、裁判上の和解、請求の認諾、民事調停の成立、家事事件手続法の審判の確定・調停の成立

エ　上記の表に掲載されている場合は、単独申請が認められる。ここで問題となるのは、単独申請をする資格があるのは誰かという点である。この問題について、農林水産省は、単独申請をすることができるのは、相続人C（**遺言執行者**が定められているときは遺言執行者）であり、受遺者はこれに含まれないという立場をとる（遺贈は遺贈者の単独行為であることを理由に挙げる。）が、疑問である。（注２）

（注１）　包括遺贈の場合

遺言者Aが、長男Bに「自分の全財産の３分の２を遺贈する」という遺言を残した場合、この遺言は**包括遺贈**となる（３条許可を要しない。）。この場合、農地甲についていえば、他の相続人Cとの間で共有状態が発生する。この共有状態（遺産共有）を解消するためには、**遺産分割**の手続を踏む必要がある（民907条）。

（注2） 受遺者は単独申請することができるか？

通常の農地の所有権移転（例　売買、贈与等）の場合においては、規則10条1項本文が、許可申請書に「連署するものとする」と明記しているため、売主と買主は、お互いに単独で3条許可申請をすることはできない。そのため、許可申請手続に協力しようとしない相手方が生じた場合は、同人を訴え、確定勝訴判決を得て、単独申請する以外にない。しかし、遺贈の場合は、法令上、単独申請することが許容されている。しかも、申請者資格を制限する条文は特に見当たらない。また、法3条許可について最も強い利害関係を持つのは、遺言者によって受遺者として指定された者である。さらに、受遺者が仮に法定相続人であった場合は、法3条許可を受けることなく無条件で農地の権利を承継することができることとの比較考量も必要となる。したがって、この場合は、許可申請することに正当な利害関係を有する者は全て申請資格を持つと解するのが相当であって、相続人C（または遺言執行者）のほか、受遺者Dも単独で許可申請をすることができると解する。

（2） **共有持分の放棄**も相手方のない単独行為であると解される（民255条「共有者の一人が、その持分を放棄したとき、又は死亡して相続人がないときは、その持分は、他の共有者に帰属する」）。

農地の共有持分権の放棄について、下級審判決の中には、意思表示による権利移動ではないため、法3条の許可を受ける必要がないと判示したものがある（青森地判昭37・6・18下民13・6・1215）。これは、同条は放棄の効果として、政策的考慮から他の共有者に帰属すると定めたものであるとの理解を前提とし、他の共有者が共有持分を**原始取得**すると解するものである。

仮にこの立場を採用した場合、共有者間で共有持分を移転する場合は法3条の許可を要するが、共有持分の放棄という形式をとれば同許可を要せずに、事実上共有持分を移転させることが可能となる。これは、果たして妥当な考え方といえるか。一方、上記のような考え方に反対し、**承継取得**に当たるという考え方もある（本書も後者の立場を支持する。）。

最近、不要になった土地を国庫に帰属させる制度も創設されたことからも分かるように、利用価値が極めて低い土地を必要以上に所有するということは、土地の管理義務（責任）を過剰に負担するという事態を招く。したがって、他の共有者が行った持分放棄によって不本意にも余分の土地を所有させられる結果となる共有者の不利益も考慮する必要がある。その観点から、農地の共有持分の放棄についても法３条の規制が及ぶと解する（この場合、３条許可の申請書上、譲渡人は持分放棄者、譲受人は他の共有者ということになろう。）。

なお、判例は、共有登記がされた土地について、共有者の１人が持分権を放棄し、その結果、他の共有者がその持分権を取得するに至った場合、その権利変動を第三者に対抗するためには、同放棄にかかる持分権の移転登記をする必要があるとしている（最判昭44・３・27民集23・３・619）。

例えば、従来A・Bの２人が共有する土地について、Aが共有持分権を放棄し、Bの単独所有となった場合、持分権放棄を登記原因として、BはAに対し、持分権移転登記手続に応ずるよう請求できると解される（名古屋高判平９・１・30行集48・１－２・１）。

３－８　３条１項ただし書（許可除外）

（１）　法３条１項ただし書は、「ただし、次の各号のいずれかに該当する場合及び第５条第１項本文に規定する場合は、この限りでない」と定める。

すなわち、同項のただし書に列挙された場合に該当すれば、法３条の許可を受けることなく、当事者間で農地の権利について移転または設定を有効に行うことができる（いわゆる**許可除外**）。具体的には、法

３条１項１号から16号までに規定されている。

（２） ところで、最近、許可除外の対象となるものとして、その定義をよく理解しておくべき用語ないし概念が生じている。農地中間管理権（法３条１項３号・14号の２）、農用地利用集積等促進計画（同項７号）、農業経営基盤強化促進法（以下「**基盤法**」という。）７条１号に掲げる事業（同項13号）、農地中間管理事業（同項14号の２）などの概念である。

これらの概念の根拠となっている中間管理法および基盤法は、その内容自体が年々複雑化の度合いを増してきており、これらの法律については、別途、その内容を理解しておく必要がある。現段階において、農業を規制する法律として、農地法、中間管理法および基盤法の３つが最も重要な法律ということができる。本書においては、農地法の解釈に必要と考えられる限度で、以下、簡潔に述べることとする。

主要農業３法
- 農地法
- 中間管理法
- 基盤法

（３） 中間管理法でいう**農用地**は、農地法の定義する農地および採草放牧地に相当する土地をいう（中間２条１項）。同法でいう**農用地等**とは、農用地に若干の種類の土地が付加されたものを指す（同条２項）。基盤法における農用地または農用地等も同じ意味である（基盤４条１項）。

（４） **農地中間管理権**とは、農用地等について、中間管理法２章３節で定めるところにより、「貸し付けることを目的として、農地中間管理機構が取得する次に掲げる権利をいう」と定義されている（中間２条５項）。

同法２条５項の条文上は３種類の権利が定められているが（１号

賃借権または使用貸借による権利、２号　農地貸付信託の引受けにより取得する所有権、３号　農地法41条１項に規定する利用権）、主たるものは、１号の賃借権または使用貸借による権利である。これら２つの権利のうち、特に重要度が高いのは賃借権である。

農地中間管理権については、それ自体が何か独立した権利性を有するものではない。その名のとおり、本質は管理権にすぎない。賃借権の場合を例に取れば、農地中間管理機構は、農用地（農地）に賃借権の設定または移転を受けた上（中間18条１項）、さらに、それを第三者に転貸することを最初から予定している。要するに、農地中間管理権とは、農地中間管理機構が、転貸を目的として取得する賃借権を指すということができる。

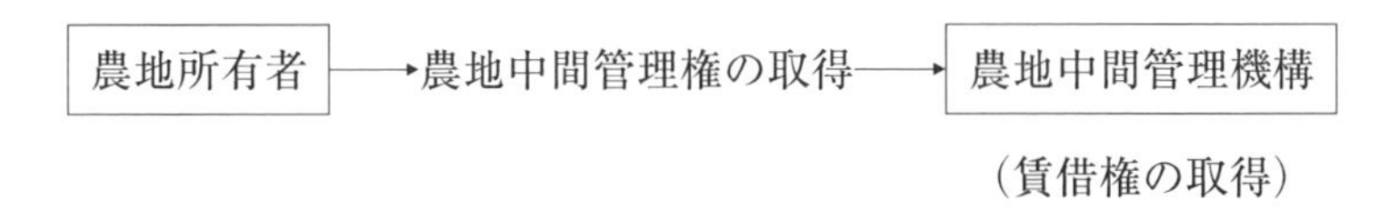

（５）　**農地中間管理事業**とは、農用地の利用の効率化および高度化を促進するため、都道府県の区域（原則として市街化区域を除く。）を事業実施地域として、農地中間管理機構が行うものをいう（中間２条３項）。法律上は８つの種類が規定されているが、主たるものは農用地等について農地中間管理権を取得すること（同項１号）と、農地中間管理権を有する農用地等の貸付けを行うこと（同２号）である。

（６）　**農地中間管理機構**とは、農用地の利用の効率化および高度化の促進を図るための事業を行うことを目的とする一般社団法人または一般財団法人であって、都道府県に１つに限定して都道府県知事によって指定されたものである（中間４条）。農地中間管理機構は、**農地バンク**と呼ばれることもある（農地を農家から集め、それを第三者に貸し出す仕組みは、金融機関である銀行と似たところがある。）。

（７） **基盤法７条１号**のいう事業とは、「農用地等を買い入れて、当該農用地等を売り渡し、交換し、又は貸し付ける事業」であり、当該事業は**農地売買等事業**と呼ばれる。

当該条文について述べる前に、同法が掲げる**農業経営基盤強化促進事業**について簡単に触れる。その定義は、基盤法４条３項に書かれている。同項によれば、基盤法19条１項に規定する**地域計画**の達成に資するよう、農地中間管理事業および基盤法７条各号に掲げる事業の実施による農用地について**利用権**の設定・移転、所有権の移転または農作業の委託を促進する事業を指す。なお、事業主体は、市町村である（基盤４条３項柱書）。

ここでいう「利用権」の定義であるが、①農業上の利用を目的とする賃借権、使用貸借による権利、または②農業の経営委託を受けることにより取得される使用・収益権をいうとされている（基盤４条３項１号）。ここで中心となるものは、賃借権の設定・移転と予想される。

より基本に戻って述べると、都道府県知事は、農業経営基盤の強化の促進に関する基本方針（以下「**基本方針**」という。）を定め（基盤５条１項）、また、当該都道府県の区域（市街化区域を除く。）を事業実施地域として、農地中間管理機構が行う基盤法７条各号に掲げる事業の実施に関する事項を定める（基盤５条３項）。一方、市町村は、**基本構想**を定めることができるが（基盤６条１項）、基本構想を定め（または変更）しようとするときは、都道府県知事に協議し、その同意を得なければならない（同条５項）。右の同意を得た市町村を**同意市町村**という（基盤12条１項）。

農地中間管理機構は、上記の基本方針に、基盤法５条３項に規定する事項が定められたときは、農地中間管理事業のほか、同法７条各号に定められた事業を行う（いわゆる**特例事業**）。そのうち、同条１号が上記の農地売買等事業である。その内容は、農用地等を買い入れた上、当該農用地等を売り渡し、交換し、または貸し付ける事業を指す（借り受けた上で他人に貸し付けるものは、本来の農地中間管理事業で行われることになっているため、ここには入っていない。）。

（８）　農地中間管理機構が、農地中間管理事業の実施によって、農地中間管理権の設定または移転を行おうとする場合、**農用地利用集積等促進計画**を定め、更に都道府県知事の**認可**を受ける必要がある（中間18条１項）。

農用地利用集積等促進計画には、所定の事項を定めるものとされており、例えば、農地中間管理機構に対し農地中間管理権を設定または移転する者の氏名（または名称）・住所および設定対象土地の所在・地番・地目・面積を記載する（同条２項１号）。一方、農地中間管理機構から、賃借権の設定または移転を受ける者についても、同様の事項を定める必要がある（同項２号）。

そして、都道府県知事が、農用地利用集積等促進計画について**認可**をしたときは、省令で定めるところにより、その旨を、関係する農業委員会に通知するとともに、**公告**しなければならない（中間18条７項）。同公告があったときは、「その公告があった農用地利用集積等促進計画の定めるところによって第１項の権利が設定され、又は移転する」とされている（同条８項）。

なお、農地中間管理機構が、農地中間管理権（中間２条５項１号）を有する農用地等の貸付けを行う場合、民法594条２項または612条１項の規定が適用されず、貸主（使用貸借の場合）または賃貸人（賃貸借の場合）の承諾を得ることを要しないとされている（中間18条10項）。（注）

（注）　農地中間管理権を使った賃貸借

例えば、農地の所有者Aが、自分の所有する農地甲について、農地中間管理機構Bとの間で農地中間管理権（賃借権）を設定し（中間２条３項１号)、同時に、農地甲について、農地中間管理機構Bが農地の賃借人Cとの間で賃貸借契約を設定するときは（同項２号)、前記のとおり、当該内容の農用地利用集積等促進計画を定め、都道府県知事の認可を受けなければならない。これが認可・公告されたときは（中間18条７項)、農地甲について、Aと農地中間管理機構Bの間に賃貸借関係が、また、同農地について、農地中間管理機構BとCの間で賃貸借関係が発生する（中間18条８項)。この場合、上記A・B間の賃貸借およびB・C間の賃貸借については、条文が分かりにくいため疑問も残るが、いずれも賃借権の法定更新の適用がないと解される（法17条ただし書。⇒17－2)。なお、上記賃貸借の解除が、都道府県知事の**承認**を受けて行われる場合、法18条の定める都道府県知事の許可を要しない（法18条１項５号。⇒18－３(２))。

（9） 続いて、法３条１項10号について述べる。**民事調停**のうち、特に**農事調停**によって、法３条１項本文に掲げられた権利が移転または設定される場合は、法３条の許可を要しないとされる。農事調停の管轄権は、原則として紛争の目的である農地等の所在地を管轄する地方裁判所にあるが、当事者間の合意で簡易裁判所を定めたときは、当該簡易裁判所が管轄裁判所となる（民調26条)。

農事調停においては、**小作官**または**小作主事**は、調停手続の期日に出席し、または調停手続の期日外において、調停委員会に対して意見を述べることができるとされている（民調27条)。そして、調停委員会は、調停をしようとするときは、小作官または小作主事の意見を聴かなければならない（民調28条)。このように、小作官（国家公務員）または小作主事（地方公務員）の意見を聴くことを義務付けることによって、農地法の趣旨・目的に反する内容の調停が成立しないように歯止めをかけている。ただし、小作官等の意見に調停委員会を拘束する効力はないと解される。(注)

（注）　農事調停を利用した農地所有権の取得等

農地の所有者Aから、農業者Bが農地を譲り受けて自ら耕作する意思がある場合、農業委員会による法３条の許可を受けることによって農地所有権を取得する方法が原則となる。しかし、A・Bが農事調停を利用すれば、法３条の許可を受けることなく、Bは農地の所有権を取得することができる。調停条項の記載例として、「申立人は、同人が所有する下記物件目録記載の土地を、本日代金○○万円で売り、相手方はこれを買い受ける。上記代金の支払期限は、令和○年○月○日とする。」というようなものが考えられる。また、農事調停を利用することによって農地に賃借権を設定することも可能であるし、逆に、従来継続してきた農地の賃貸借契約を、都道府県知事の許可を受けることなく合意解約することも可能である（法18条１項２号）。

(10)　法３条１項12号は、遺産の分割（民906条以下）、財産分与の裁判・調停（民768条２項）および特別縁故者への相続財産の分与に関する裁判（民958条の２）の各場合についても法３条の許可を不要とする。

ア　第１に、**遺産の分割**とは、被相続人が死亡して相続人の共同相続が開始された場合、その後、遺産を共同相続人間で分配することになるが、その手続を遺産分割という（民906条以下）。

例えば、被相続人Aが残した農地甲が、B・C・Dの３人によって相続された場合、３人の相続人の協議によって、農地甲をBの単独所有とすることもできるし、３人の共有とすることもできる。その場合、法３条の許可を要しない。

イ　第２に、**財産分与の裁判・調停**である。民法によれば、(ⅰ)離婚に際し、当事者は、財産分与の有無または金額等の内容（条件）について、双方の協議によってこれを決めることができるとされている（民768条１項）。

しかし、(ⅱ)双方の協議が調わないときは、当事者は、家庭裁判所に対し、**協議に代わる処分**を請求することができる（同条２項）。この場合、以降の手続は、家庭裁判所の審判手続によって行われる。

さらに、(ⅲ)裁判離婚の場合、夫婦の一方が他方に対して提起した**離婚の訴え**(離婚訴訟)について、裁判所がこれを認容するときは、判決の中で、**附帯処分**として、財産分与についての裁判をしなければならない(人訴32条1項)。

そして、上記3つの場合のうち、財産分与について、法3条の許可を要しないものは上記の(ⅱ)と(ⅲ)に限定され、(ⅰ)の場合は、法3条1項のいう「裁判・調停」の概念に含まれない。

ウ　第3に、**相続財産の分与に関する裁判**とは、相続人の存在が明らかでない場合に、特別縁故者の請求によって、家庭裁判所が相続財産の全部または一部を与えることができる制度である(民958条の2)。この場合、法3条許可を要しない。

(11)　**その他農林水産省令で定める場合**も法3条の許可を要しない(法3条1項16号)。これを受けて、規則15条は、1号から13号までに規定を置く。一例として、規則15条5号は、「包括遺贈又は相続人に対する特定遺贈により法第3条第1項の権利が取得される場合」について定めている(⇒3－7(1))。

3－9　3条2項本文(総説)

法3条2項本文は、同条1項の許可を出すことができない場合について、その要件を定める(「前項の許可は、次の各号のいずれかに該当する場合には、することができない。」)。この許可要件は、同項1号から6号までに定められている。したがって、いずれの条文(要件)にも該当しないことが、許可を受けるためには必要となる。以下、各号について述べる。これらの条文の中には、例えば、1号(「効率的に利用して」)あるいは6号(「支障を生ずるおそれ」)のように、客観的一義的に判断できない概念、つまり、**不確定概念**をもって許可要件が定められてい

るものもある。（注１）（注２）

（注１） 行政裁量とは

一般的に、法律が行政処分の適法要件を一義的な概念で定めている場合は（例 旧農地法３条２項に規定があった下限面積要件）、行われた処分が違法か否かの判断は容易である（**羈束処分**）。一方、法律が、一義的でない概念（**不確定概念**）を用いて処分の要件を定めている場合、処分の適法要件を判断することは必ずしも容易ではない。このように立法者（ただし、現実には、行政権に属する国の担当省庁が原案を作成していることは言うまでもない。）が、行政機関に対して認めた判断の余地を**行政裁量**という。行政裁量には、大きく要件裁量と効果裁量があるとされる。**要件裁量**とは、行政処分の適法要件の認定に関わる裁量であり、他方、**効果裁量**とは、（適法要件の充足を前提として）現実に当該処分を行うか否か、また、仮に行うとしても処分の内容として種々のものが考えられる場合に、そのいずれを選択するかという点における裁量を指す。この裁量権の行使については、その踰越または濫用があった場合、当該処分は違法となる。行政事件訴訟法（以下「**行訴法**」という。）30条は、「行政庁の裁量処分については、裁量権の範囲を超え又はその濫用があった場合に限り、裁判所は、その処分を取り消すことができる」と定めている。なお、判例は、裁量権の踰越または濫用を基礎付ける事実については、処分が違法であると主張する原告の側に**立証責任**があるとしている（最判昭42・４・７民集21・３・572）。

（注２） 許可する義務の有無

法３条２項各号が定めるいずれの要件にも該当しないとき、農業委員会は必ず許可処分を出すことが義務付けられるかという問題がある。一部に、法３条２項各号のいずれにも該当しないが、それを許可することが農地法の目的または趣旨に明らかに反すると認められるような場合には許可しないことも許されるとする見解がある。しかし、疑問がある。理由は、次のとおりである。

法は、3条2項各号において、許可処分ができない場合の要件（不許可要件）を定めている。ここで、法が明記する不許可要件のいずれにも該当する事実がないにもかかわらず、なお、農業委員会が、仮に「農地法の趣旨・目的に反する」という法定外の漠然とした理由を根拠として不許可処分をした場合、それは法律による行政の原則に抵触する違法な処分に当たる可能性を否定することができない。法3条の処分は、国民の**職業選択の自由**（憲22条1項）および**財産権の保障**（同29条）に関わるものであって、法の定める正当な理由もないまま、農地の権利移転・設定を規制することは許されないと解される。

なお、この問題を考える上で参考となる最高裁の判決がある。上告人Xが、酒税法9条1項に基づき酒類販売業免許の申請をしたところ、被上告人Y（税務署長）は、酒税法10条10号（経営の基盤が薄弱であると認められる場合）・11号（酒税の保全上酒類の需給の均衡を維持する必要がある場合等）に該当することを理由として、免許を拒否する旨の処分をした。そこで、Xが、その拒否処分の取消しを求めた（酒類販売業免許申請に対する拒否処分取消請求事件）。最高裁（最判平10・7・3判時1652・43）は、Yの主張を認めた東京高裁の判決を破棄し、差し戻す旨の判決をした。同判決は、「右免許制が憲法22条1項の保障する職業選択の自由に対する規制措置であることにかんがみ、酒類製造者において酒類販売代金の回収に困難を来すおそれがあると考えられる場合を限定的に列挙して、免許の申請がそれらのいずれかに該当すると認められる場合に限って免許を与えないことができるものとし、それらに該当するとは認められない場合には申請どおり免許を与えなければならないものとする規定であるというべきである。（中略）抽象的な文言をもって規定されている免許拒否の要件を拡大して解釈適用するときは、右の立法目的を逸脱して、事実上既存業者の権益を保護するため新規参入を規制することにつながり、憲法の前記規定に違反する疑いを生ずるといわなければならないのであって、あくまで右の立法目的に照らしてこれらの要件に該当することが具体的事実により客観的に根拠付けられる必要がある」と判示した。

３－10　３条２項ただし書

法３条２項ただし書は、「ただし、（中略）この限りでない」と定めているため、ここに規定された場合については、農業委員会は、２項各号の要件にかかわらず、同条の許可をすることができる（ただし、申請すれば、必ず許可を受けられるという意味ではない。）。具体的には、次の各場合である。

（１）　民法269条の２第１項の地上権またはこれと内容を同じくするその他の権利が設定または移転される場合である。

ア　民法269条の２第１項の権利とは、いわゆる**区分地上権**を指す。同項は、「地下又は空間は、工作物を所有するため、上下の範囲を定めて地上権の目的とすることができる。この場合においては、設定行為で、地上権の行使のためにその土地の使用に制限を加えることができる」と定める。区分地上権の設定は、「工作物を所有するため」だけに設定できる（耕作等の目的で設定することはできない。⇒３－２（３））。

区分地上権の設定は、当事者間の契約によるが、その場合、法３条の許可を受ける必要がある。区分地上権を登記することも可能であり（不登３条２号）、登記が対抗要件となる。その際、区分地上権の目的である地下または空間の上下の範囲および民法269条の２第１項後段の定めがあるときはその定めを登記する必要がある（不登78条５号）。

イ　区分地上権の対象となるのは、土地の地下または空間で、上下の範囲を定められた部分であるから、例えば、農地の地表（地面）から上方（空中）２メートルの範囲内で設定するようなことが可能となる。

この場合、当該上下の２メートルの範囲以外の部分については、土地所有者の所有権が全面的に及び、当然のことではあるが、農地の使用・収益権も土地所有者にある。ただし、設定契約で土地所有者の使用・収益権に制限を加えることも可能である（民269条の２第１項後段）。
ウ　区分地上権を設定しようとする土地について、既に第三者が「使用又は収益をする権利」を有する場合であっても、その権利を有する者またはその権利を目的とする権利を有する全ての者の承諾があれば、設定することができる（民269条の２第２項）。ただし、承諾を与えた者は、区分地上権の行使を妨げない義務を負う。

例えば、Aが所有する農地に、Bのために区分地上権を設定しようとしたが、既に同農地にCが賃借権を有し、同農地を耕作している場合、Cの同意がない限り、A・B間で区分地上権を設定することはできない。仮にCが同意して、（法３条の許可も受けた上で）A・B間において区分地上権が設定された場合、許可にかかる一定の範囲の土地について、Bは自由に利用することができる。仮にBが設置する工作物が営農型発電設備であった場合、営農型発電設備の支柱の底部はコンクリート等で固定することが必要となり、当該部分については農地の非農地化が不可避であるため、Bは、同時に、Aとの間で法５条の転用許可を受ける必要がある。
（２）　その他の規定としては、以下のようなものがある（詳しい内容については関係条文を確認されたい。）。

①　農業協同組合法10条２項に規定する事業を行う農業協同組合または同連合会が農地等の所有者から同項の委託を受ける場合

②　同法11条の50第１項１号に掲げる場合

③　法３条２項１号・２号・４号に掲げる場合において、政令で定める相当の事由がある場合。これらのうち、１号については令２条１項１号・２号に、２号および４号については同２項に相当の事由の内

容が定められている。(注)

(注)　他人が耕作中の農地の所有権取得

a　ここで特に留意すべき場合として、施行令２条１項２号の場合がある。この規定は、例えば、許可対象となるA所有農地等について、所有権以外の権原（第三者に対抗できるものに限る。）に基づいて耕作等の事業を行う者B（同人の世帯員等を含む。）以外の者Cが所有権を取得しようとする場合について、許可申請時におけるCまたは同人の世帯員等の耕作等の事業に必要な機械の所有状況、農作業に従事する者の数などから見て、同号イおよびロに該当することを必要とするものである。このうち、イは、許可申請時を基準として、Cまたはその世帯員等が耕作等の事業に供すべき農地等の全てを効率的に利用して耕作等の事業を行うと認められることである。次に、ロは、Bの有する耕作権原（例　Bの賃借権）が期間満了によって消滅することその他の事由により、Cまたはその世帯員等が、その農地等を耕作等の事業の用に供することが可能となった場合に、Cらが、その農地等の全てを効率的に利用して耕作等の事業を行うことができると認められることである。

b　より具体的にいえば、例えば、ある農地について、所有者A（賃貸人）から賃借しているBが存在しても、上記施行令の定める要件を第三者Cが満たせば、同人において、当該農地の所有権を取得することが認められる。このように、上記施行令は、農地の賃借人Bが存在する状態で、当該農地の所有権移転を容認する。例えば、AからCが賃借農地を譲り受け、法３条許可も受けた場合、A・B・C３者の法的関係はどうなるか。①農地の賃貸人の地位は、AからCに移転する。賃借人Bの同意は不要である（民605条の２第１項。最判昭46・４・23民集25・３・388)。②ただし、賃貸人の地位がCに移転したことを、同人が賃借人Bに対して主張するためには、所有権の移転登記を具備する必要がある（民605条の２第３項)。③旧賃貸人Aは、上記賃貸借の法律関係から離脱する（⇒３－３(２))。

3－11　3条2項各号

法3条2項の許可要件は、以下に掲げるようなものである。いずれの事由にも該当しないことが許可の要件となる。

号	許　可　要　件　（各号に該当しないこと）
1	効率的耕作ができない
2	農地所有適格法人以外の法人
3	信託の引受け
4	農作業に常時従事することができない
5	転貸等
6	周辺地域農地等における農業上の効率的・総合的な利用の確保に支障を生ずるおそれがある

（1）　法3条2項1号（効率的耕作要件）

ア　1号でいう「所有権等の権利を取得しようとする者またはその世帯員等」とは、法3条の許可を受けるための申請を行って所有権等の権利を取得しようとする者またはその世帯員等を指す（⇒2－3）。

イ　これらの者の「耕作等の事業に必要な機械の所有の状況、農作業に従事する者の数等」から見て、これらの者が「その取得後において耕作等の事業に供すべき農地等の全てを効率的に利用して耕作等の事業を行うと認められない場合」は、法3条の許可を受けることができない。ここでは、**効率的耕作要件**が定められている。この要件は、同条2項各号が列挙する要件の中でも最重要のものの1つと言い得る。

そのため、農林水産大臣が定める処理基準は、更に敷衍してその内容を説明している。以下、処理基準を引用しつつ述べる（⇒２－１（１）（注２））。効率的耕作要件の意味であるが、これを言い換えると、「近傍の自然的条件および利用上の条件が類似している農地等の生産と比較して（これよりも劣っているか否かの点を）判断する」基準であると行政解釈されている（処理基準第３・３（２））。この場合、具体的には、所有権等の権利を取得しようとする者の「経営規模、作付作目等を踏まえ」た上で判断するとしている。この処理基準の考え方は、許可申請時のみならず、将来的予測を含めたものといえよう（なぜなら、申請者の生産性が平均より劣っているか否かは、実際に耕作等の事業を開始した後でないと、正確には分からないはずだからである。）。

ウ　思うに、「効率的耕作」とは、貴重な国土資源である農地を有効に利用して、農業生産力の向上につなげようとする趣旨ではなかろうか。そうであれば、例えば、単なる資産保有目的の申請、農業以外の用途に用いることを隠した申請等、農地法の趣旨に反する申請は別として、広い意味で農業の振興または発展につながる可能性のある申請については、原則として、許可をするのが相当と考える。ところが、上記行政解釈をそのまま実務に画一的に適用すれば、既存の農業者以外の者は、農業分野への新規就農が困難となるおそれがある。（注）

エ　効率的耕作要件を満たすことが要求される農地等とは、既に保有している農地等および許可申請にかかる保有予定の農地等の全部を指す（処理基準第３・３（１））。例えば、Aは、既に農地甲を所有しているが、更に他人Bが所有する農地乙を譲り受けようとして法３条の許可申請をしている場合、効率的耕作要件は、農地甲・乙に及ぶ。

（注）　新規就農者への対応

処理基準は、この点について一定の配慮を示す。すなわち、効率的利用要件の判断に当たっては、「農地等の効率的な利用が確実に図られるかを厳正に審査する必要があるが、新規就農希望者（農業を副業的に営もうとする者を含む。）による権利取得であることを理由としていたずらに厳しい運用や排他的な取扱いをしないよう留意する」必要があるとしている（処理基準第3・3(3)）。

（2）　同項2号（農地所有適格法人以外の法人の場合）

農地所有適格法人（⇒2－4）以外の法人が農地等について所有権等の権利を取得しようとする場合は、原則として、不許可とされる。

（3）　同3号（信託の引受けにより所有権等の権利が取得される場合）

信託とは、委託者がその財産を受託者に託して管理・運用してもらい、そこから生じる利益を受益者に与える制度である（信託2条)。この場合、委託者が、自分が所有する農地の権利を、受託者である信託銀行、信託会社等に引き受けてもらうためには法3条の許可を要するが、同条2項3号によって不許可とされる（ただし、法3条1項14号・14号の3に例外規定が置かれている。)。

（4）　同4号（農作業に常時従事する要件）

所有権等の権利を取得する者（農地所有適格法人を除く。）またはその世帯員等が、取得後において耕作等の事業に必要な**農作業に常時従事**すると認められない場合は、不許可となる。ここでいう農作業は、「当該地域における農業経営の実態から見て、通常農業経営を行う者が自ら従事すると認められる農作業」を指す（処理基準第3・5(1))。また、当該日数が年間150日以上である場合は、農作業に常時従事すると認められ得る（同(2))。なお、農地所有適格法人は、肉体を持った自然人ではなく、法律の規定によって抽象的な法人格を与えられているにすぎないため、法人自身が農作業に従事するということはあり得ず、農作業に常時従事するという要件は適用されない（⇒2－4(3))。

（５）　同５号（転貸等の禁止）

農地等を所有権以外の権原に基づいて耕作等の事業を行う者が、その農地等を第三者に貸し付け、または質入れしようとする場合、法３条の許可を受けることはできない。「貸付け」とは、所有権以外の耕作権原を有する者が、その権原を保持したまま、対象となる農地等を更に第三者に貸し付けようとする行為を指す。具体的には、賃借権または使用貸借による権利の設定が想定される。

また、「質入れ」とは、質権者（不動産質権者）が、質物である土地（農地）に更に質権（転質権）を設定することである（民348条）。この場合も同じく許可を受けることはできない。

ただし、次の例外がある（法３条２項５号かっこ書）。①耕作等の事業を行う者（またはその世帯員等）が死亡するなどの事由によって耕作等の事業を行うことができないときに、いわゆる**一時貸付け**をする場合、②耕作等の事業を行う者がその土地を世帯員等に貸し付けようとする場合、③その土地を水田裏作の目的に供するため貸し付けようとする場合および④農地所有適格法人の常時従事者たる構成員（⇒２－４（３））が、その土地を同法人に貸し付けようとする場合である。

（６）　同６号（周辺地域農地等における農業上の効率的・総合的な利用の確保）

ア　６号は、これ以外の号と比較した場合、抽象的な要件が定められている。当該条文は、まず、所有権等の権利を取得しようとする者が、権利取得後において行う耕作等の事業の内容、農地等の位置および規模に着目する。次に、上記の事実を踏まえ、「農地の集団化、農作業の効率化その他周辺の地域における農地等の農業上の効率的かつ総合的な利用の確保に支障を生ずるおそれがあると認められる」場合は、許可を受けることはできないと定める。

本号については、法律（農地法）以外の施行令または規則には、別段の定めが置かれていない（⇒2－1（1））。一方、本条の趣旨について、処理基準は、「農業は、周辺の自然環境等の影響を受けやすく、地域や集落で一体となって取り組まれていることも多い。このため、周辺の地域における農地等の農業上の効率的かつ総合的な利用の確保に支障を生ずるおそれがあると認められる場合には、許可をすることができないものとされている」という（処理基準第3・7）。ただ、この解釈は、単に法3条2項6号の文言を繰り返したものにすぎない。

イ 本号は、条文が抽象的なものであるが、次のように整理できる。

権利を取得する農業者が行う耕作等の事業の内容

農地等の位置および規模

↓

周辺地域農地等の農業上の効率的・総合的利用の確保に支障を生ずるおそれ

ここで書かれている周辺地域農地等の農業上の効率的・総合的利用の確保に支障を生ずるおそれという要件は、客観的なものである必要がある。この不許可要件に該当するという理由で、農業委員会が、3条許可申請に対し不許可処分を行い、その結果、申請者から不許可処分の取消訴訟が提起された場合（行訴3条2項）、「効率的かつ総合的利用の確保に支障が生ずるおそれがある」という要件の存在は、農業委員会の方で立証する必要があると解される（立証できなければ、違法な処分をしたものと判断され、処分権者側の敗訴となろう。）。そのように考える根拠として、学説上、2つの立場がある。

第1に、後記するとおり、法3条1項の許可は、本来国民が有している農地の権利取得に対する一般的禁止を解除するものと解釈されるところ（⇒3－15（1））、申請に対し、不許可処分を下すことは、すなわち、憲法上の基本的人権（経済活動の自由）を実質的に侵害する作用ないし効果を持つといえるからである（**侵害処分**）。

第2に、法3条2項は、行政庁の権限不行使規定（○○○の場合は許可できない）という構造をとるが、この場合は、処分権限の不行使（不許可処分）を主張する者において、処分要件を基礎付ける事実を立証しなければならないと考える立場がある。

このように、不確定概念をもって許可要件が法令で定められている場合、許可権者である農業委員会は、個々の実情に合致した適切な法令解釈および許可申請に対する審査を行うことが求められる（⇒3－9）。（注1）（注2）（注3）

（注1） 基盤法19条が定める地域計画について

a 処理基準は、法3条2項6号に該当するか否かの判断に当たって、例えば、次のような見解を示す。基盤法19条1項の規定により定められた農業経営基盤の強化の促進に関する計画（以下「**地域計画**」という。）の達成に支障が生ずるおそれがあると認められる場合は、許可をすることができない場合に当たるとする（処理基準第3・7（1）①）。つまり、地域計画の達成という「錦の御旗」に合わない場合、本来は自由であるはずの農業目的の農地の権利移転または農地に対する権利設定ができないという結果となる。

b 基盤法19条1項の地域計画とは、同意市町村（⇒3－8（7））が、農業者、農業委員会、農地中間管理機構等の協議の結果を踏まえ、農用地の効率的かつ総合的な利用を図るため定めるものである。このような仕組みは、最近（令和5年）になって初めて運用が開始されたものであって、これまでの実績は何もない。したがって、農業委員会としては、このような歴史の浅い概念に処分の根拠を求めようとする場合は、相当慎重な態度で臨む必要があろう。

（注２） 基盤法22条の３の問題点

基盤法22条の３は、不可解な仕組みを創設した。ここでは要点のみ簡潔に示す。農地中間管理機構の同意を前提として、**農用地区域**内の農用地等の所有者等は、３分の２以上の同意をもって、農用地区域内の農用地等について、中間管理機構に対する利用権の設定等が必要であると認めるとき、利用権の設定等を受ける者を農地中間管理機構とする旨を地域計画に定めることを提案することができると定める（同条１項・２項）。これを受けて、提案を受けた同意市町村は、その提案に基づいた地域計画を定めるか否かについて、提案者に対し通知すると定める（３項）。そして、上記事項が定められた場合、区域内の農用地等の所有者等は、当該農用地等については、中間管理機構以外の者に対し、利用権の設定や所有権の移転を行ってはならないとされる（基盤22条の４第１項）。しかし、「提案」というこれまで一般の法令上は余り耳慣れない事実の発生を契機として、農用地区域内に農地上の権利を持つ所有者は、権利（所有権）の譲渡相手、または権利（賃借権等）の設定相手が、農地中間管理機構に完全に限定されることになりかねない。このような重要な私権（財産権）の制限が、これまで単独で農業経営を行ってきた個々の地域住民の３分の２以上の賛成で開始され得るという珍しい仕組みについては、当該立法の合理性または必要性を支える十分な事実が見当たらないことを踏まえると、条文の内容自体に疑問がある。最近の主要な農業関係法は、一般農業者の有する農地上の権利を、可能な限り農地中間管理機構という公的資金によって運営される団体に集約し、この団体に対し、耕作目的の農地の管理・差配を全面的に委ねようとしているように見える。このような、地域における「管理農業」を目指そうとする動きについては疑問が残る。

（注３） 法３条２項６号

処理基準は、法３条２項６号に該当する可能性が高いケースの１つとして、「無農薬や減農薬での付加価値の高い作物の栽培の取組が行われている地域で、農薬使用による栽培が行われることにより、地域でこれまで行われていた無農薬栽培等が事実上困難となるような権利取得」を掲げている（処理基準第3・7(1)④)。確かに、例えば、地域において、大半の農家が皆で協力しながら無農薬野菜の栽培に長期間にわたって従事し、それによって付加価値の高い野菜が生産され、それが市場においてブランド化しているような場合は、その価値を毀損する危険のある、大量の農薬使用を前提とする農業のやり方が地域に持ち込まれることは地域にとっては好ましくない。しかし、前記のとおり、「総合的かつ効率的利用の確保に支障が生ずるおそれがある」という法律上の要件は、農業委員会において厳格に認定される必要がある。

3－12　3条3項

(1)　法3条3項は、同項各号に掲げる要件の全てを満たすときは、同条2項（2号・4号に限る。）の規定にかかわらず、同条1項の許可をすることができると定める。すなわち、農地等に使用貸借による権利または賃借権（以下「**賃借権等**」という。）が設定される場合に限り、同条3項1号から3号までの要件を満たせば、同条2項2号（農地所有適格法人）および4号（必要な農作業に常時従事）の要件の適用が除外され、農業委員会は、同条1項の許可をすることが認められる。(注)

当該規定の趣旨について、処理基準は、「農地等についての権利取得は法第3条第2項が基本であり、同条第3項は、使用貸借による権利又は賃借権が設定される場合に限って例外的な取扱いができるようにしている。(中略）今後とも農地の所有権の取得については農作業に常時従事する個人と農地所有適格法人に限るべきであることが明確にされた」という（処理基準第3・8(1)）。

(注)　適用されない条文

法3条3項柱書は、「前項（第2号及び第4号に係る部分に限る。）の規定にかかわらず、第1項の許可をすることができる。」という文言を使っている。これを形式的に文理解釈すれば、法3条2項2号および

４号の規定が外される。つまり、法３条３項の許可要件としては、その他の法３条２項１号・３号・５号・６号の適用が依然として認められるということになる。しかも、法３条３項２号の要件が付加されたことによって、むしろ許可要件が過重されたとも言うことができ、許可を受けるためのハードルは、決して低いものではないということになる。

（２）　法３条３項各号が定める要件は、次のようなものである。

ア　第１に、農地等について賃借権等の権利を取得しようとする者が、取得後において、当該農地等を適正に利用していないと認められる場合に、使用貸借または賃貸借（以下「**賃貸借等**」という。）の解除をする旨の条件が書面による契約においてされていることである（１号）。

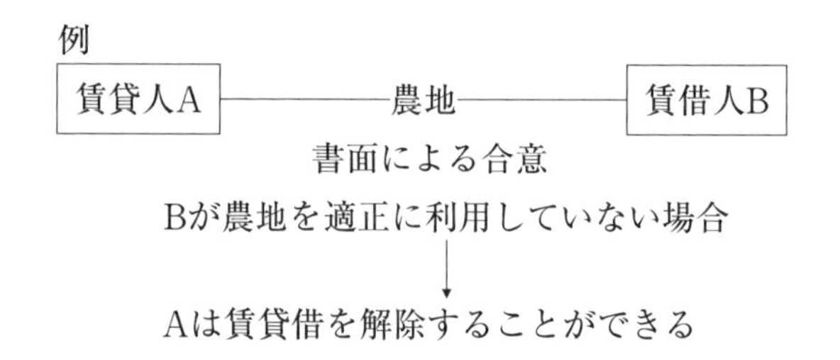

ここで、何故このような合意をする必要があるのかという点が問題となる。それは、賃貸借等の解除をより容易にするためである。もちろん、上記の例でいえば、このような特約を締結していなくても、賃借人Bによる賃借目的農地の使用状況が余りにも酷いときは、債務不履行による契約解除（法定解除）をすることも可能である（⇒３－６（２））。

しかし、賃貸借契約を締結する最初の時点において、当事者間の合意に基づいて一方（賃貸人）に解除権を付与することも可能であり（約定解除権）、この合意に基づく解除権行使の方がより容易と言い得る

(⇒3－6(1))。なお、この解除権の行使に当たっては、法18条1項許可を受けることが除外されている（⇒18－3(2)エ)。(注1)（注2)

イ　第2に、賃借権等の権利を取得しようとする者が、地域の農業における他の農業者との適切な役割分担の下に、継続的かつ安定的に農業経営を行うと見込まれることである（2号)。

適切な役割分担の意味について、処理基準は、「例えば、農業の維持発展に関する話合い活動への参加、農道、水路、ため池等の共同利用施設の取決めの遵守、獣害被害対策への協力等をいう」との解釈を示している（処理基準第3・8(2))。要するに、新規参入者に対し、これまで長年にわたって存続してきた農村社会と、良好な関係を築くための努力を求めたものといえよう。

また、継続的かつ安定的に農業経営を行うとは、「機械や労働力の確保状況等からみて、農業経営を長期的に継続して行う見込みがあることをいう」との解釈を示す（同)。

ウ　第3に、賃借権等の権利を取得しようとする者が法人である場合、法人の業務を執行する役員または省令で定める使用人のうち、1人以上の者が、その法人の行う耕作等の事業に常時従事すると認められることが必要とされている（3号)。

処理基準によれば、ここでいう「耕作等の事業に常時従事する」とは、法人の行う耕作等の事業の担当者として、農業経営に責任をもって対応できるものであることが担保されているという意味であり（処理基準第3・8(2))、これには、例えば、営農計画の立案等の作業も含まれると解されている。したがって、法3条2項4号の「農作業に常時従事」という概念よりは広い。

(注1)　法律行為の附款

民法においては、当事者が契約（法律行為）をする際に、当事者間の合意で、契約の効力の発生または消滅を一定の事実にかからせることができる。これを**附款**といい、これには期限と条件がある。**期限**には確定期限と不確定期限がある（民135条）。期限は、将来到来することが確実な事実である。一方、条件は、将来到来するか否か不確実な事実である。そのうち、効力が発生する場合を**停止条件**、効力が消滅する場合を**解除条件**という（民127条）。例えば、大学入学試験に合格したら毎月10万円の奨学金を交付するという贈与契約は、大学入学試験合格という停止条件が成就した日から効力を生じる。一方、現在、一定額の奨学金を毎月給付しているが、将来、落第したらその時点で奨学金の給付を終了するという給付契約（解除条件付き給付契約）は、落第という条件が成就した時点で、当然に契約が解除される（失効する）。

（注２）　不正確な情報の流布

農林水産省が、長年にわたって発している通知などを見ると、法３条３項１号の特約が付いた賃貸借を「解除条件付きの賃貸借」と説明しているものがある。しかし、このような法律的に不正確な表現を用いることは、国家による誤った法的情報の流布と同じであって、不適切である。上記のとおり、解除条件という言葉は、民法127条２項に規定があり、「解除条件付法律行為は、解除条件が成就した時からその効力を失う」とある。この場合、一定の事実が生じると、それまで発生していた法律行為の効力が自動的に消滅する。しかし、法３条３項１号の特約が付いた賃貸借は、解除条件付き賃貸借ではない。一定の事実の発生によって、自動的に賃貸借契約が消滅するわけではないからである。「解除する旨の条件を付した賃貸借」と「解除条件付きの賃貸借」では、民法の解釈上、全く異なった意味を持つ。責任ある行政機関は、両者を正しく峻別する必要がある。

解除する旨の条件を付した賃貸借　＝　解除特約が付いた賃貸借
解除条件付きの賃貸借　＝　解除条件が成就すると、自動的に効力が消滅する賃貸借

3－13　3条4項

農業委員会は、前項（法3条3項）の規定により、第1項の許可をしようとするときは、あらかじめ、その旨を市町村長に通知するものとされている（法3条4項）。この通知は、行政機関同士で行われる**内部的行為**であって、処分性を有しない。

当該通知を受けた市町村長は、市町村の区域における農地等の農業上の適正かつ総合的な利用を確保する見地から必要があると認めるときは、農業委員会に対し、意見を述べることができる（同項）。ただし、当該意見に法的拘束力はないと解される。

3－14　3条5項

（1）　法3条5項は、「第1項の許可は、条件をつけてすることができる」と定める。ここでいう「**条件**」であるが、許可という行政処分に対して付されるものであるから、行政法の基本的理論を踏まえて解釈される必要がある（ここで使われている「条件」は、広く日常用語として使われる条件と同じ意味ではない。）。

法律が、行政庁に対し行政行為を行うことを授権している場合（つまり、処分権限を授与している場合）、上記のように「条件をつけてすることができる」と定めることがある。ここでいう条件は、正確に言えば**附款**と呼ばれるものであり、その一般的定義を示すと、これまで、行政処分の法的効果について法律で規定された事項以外の内容（法定外事項）を付加したものを指すと解されていた。

しかし、例えば、法18条の場合、「第1項の許可は、条件をつけてすることができる」と規定されていることから、条件を付けることが法律によって容認されていると理解することができる。したがって、法18条1項の許可をするに当たって付けられる条件は、上記の「法定外事項」には当たらないと解することも可能である。

そして、条件を付するか否か、付するとしてどのような内容とするかの点は、行政裁量権行使の問題と考えられる（⇒３－９）。また、処分を行うに当たって行政庁が行使した裁量権が、踰越または濫用に該当すれば違法となる。そのような評価を裁判所で受ける事態が生じた場合、当該処分は、判決で取り消されることになる（行訴30条）。

通常、附款の種類として、条件、期限、負担および撤回権の留保の４つが挙げられることが多い。

行政処分の附款
- 条件
- 期限
- 負担
- 撤回権の留保

（２） 上記４つのもののうち、条件および期限は、民法上の定義と同じである（⇒３－12(２)）。

これに対し、**負担**は、行政行為の相手方に対し、行政行為の本体に付加して特別の義務の履行を命ずるものを指す。例えば、道路占用許可に際し、占用料の納付を命じることがこれに当たる。同じく、都道府県知事が、法18条１項の許可処分をするに当たって、許可処分を受ける農地の賃貸人（許可申請者）に対し、その「条件」として離作料の支払を命ずることがある（法18条４項）。これも負担に当たる（⇒18－６(１)イ）。(注)

これを仮に停止条件と捉えると、賃貸人が離作料を賃借人に支払ってはじめて処分の効力が生ずると解することになるが、そのような解釈は法的安定さを欠き妥当でない。離作料の支払が行われる前においても、既に処分の効力は完全に生じていると言うべきである。そうすると、ここでの離作料の支払を命ずる行為の性質は、附款であるところの「負担」と解する以外にない。

最後に、**撤回権の留保**は、その名のとおり、行政行為を行うに際し、将来一定の事由が発生した場合に、その行政行為を撤回できると宣言することを指す。ただし、処分権者が撤回権を留保しておけば、無条件で行政行為を撤回できるわけではない。学説上、撤回権の行使には一定の制限があるとされている。例えば、許可処分を受けた者に何らの帰責事由がないにもかかわらず、後日、処分権者が撤回権を留保していることを理由に、同人に対して撤回処分を行うことは、原則として違法となる（⇒３の２（１））。

（注）　負担の性質

負担が付された行政処分について、負担を命じられた者が、その負担を履行しなくても行政処分の効力は発生する。したがって、同人が負担を履行しないからといって、一旦発生した行政処分の効力が失われるものではない。例えば、農地転用許可を得た者（転用事業者）が、同人に対して付された義務（例　申請書に記載された事業計画に従った事業の用に供すること）を履行しないからといって、転用許可処分の効力に影響が及ぶものではない。この場合、許可権者が処分の効力を喪失させようとした場合、処分撤回の可否が問題となる（⇒３の２（１））。

３－15　３条６項

（１）　法３条６項は、「第１項の許可を受けないでした行為は、その効力を生じない」と定める。

ア　法３条１項の許可処分の性質について、最高裁は、「農地法３条に定める農地の権利に関する県知事の許可の性質は、当事者間の法律行為（例えば売買）を補充してその法律上の効力（例えば売買による所有権移転）を完成させるものにすぎず、講学上のいわゆる補充行為の性質を有すると解される」としている（最判昭38・11・12民集17・11・1545。なお、当時は、都道府県知事にも法３条の許可権があった。）。

この**補充行為**は、**認可**とも呼ばれる。農業委員会によって許可（認可）処分がされることによって、例えば、売買契約の場合、契約が効力を生じ、当該契約において重要な意義を持つ「権利の移転」が発生する（同じく、例えば、賃貸借契約の場合は、賃借権を設定するという合意が有効となり、賃借人について賃借権が発生する。）。

イ　なお、法３条の許可は、同時に、講学上の**許可**、つまり法令によって課された一般的禁止を特定の場合に解除し、国民が本来有する農地の権利設定または権利移転の自由を回復させる効果も持つと解される。なぜなら、法64条１号は、国民一般に対し、許可を得ることなく法３条に規定された権利の設定または移転を行うことを、刑罰によって禁止しているからである。

このような２つの性質を同時に有する行政処分を**認許**と呼ぶことがある。行政庁による認可、許可等の行為は、一般に**行政処分**と呼ばれる。（注）

（注）　行政処分の定義

判例は、行政処分の定義について、「行政庁の法令に基づく行為のすべてを意味するものではなく、公権力の主体たる国または公共団体が行う行為のうち、その行為によって、直接国民の権利義務を形成しまたはその範囲を確定することが法律上認められているもの」をいうとしている（最判昭39・10・29民集18・８・1809）。例えば、農地の売主Aと買主Bが農地の売買契約を締結しても、それだけでは農地の権利移転が生じないところ、農業委員会から法３条許可を受けることによって、農地の所有権がAからBに移転する。法３条の許可は、まさに国民の権利義務を形成する効果があり、行政処分に当たる。

（２）　例えば、農地の所有者Aが、耕作目的で農地の購入を希望するBに対し、農地を譲渡（売却）しようとした場合、当然のことではあるが、法３条の許可を受ける必要がある。ここで、当事者間で「許可を受けることを条件として」売買契約を締結することが実務上多く行われていると思われるが、ここでいう「条件」は、正しくは法定条件であって、停止条件ではない（⇒３－７(１)）。

また、この場合、Bは、Aから農地の所有権を譲り受けることを目的として売買契約を締結しているのであるが、法３条の許可を受けるためには、双方が連署して農業委員会に対し、許可申請書を出すことが求められている（**連署による双方申請の原則**。⇒３－７(１)ウ）。このように、Bは、原則として、単独で申請することが認められていないため、判例上、BはAに対し、許可申請手続に協力を求める権利を有するとされている（最判昭50・４・11民集29・４・417）。

最高裁は、この**許可申請協力請求権**について、売買契約に基づく債権的請求権であるとの立場を明らかにしている。現行の民法166条１項１号は、債権は、「権利者が権利を行使することができることを知った時から５年間行使しないとき」に消滅時効にかかると定めている。当該権利は、特約がない限り、売買契約の時点から行使することが可能であるため、上記のとおり、売買契約時から５年で消滅時効にかかると解される。

次に、A・B双方とも、最初から適法に法３条の許可を受ける意思がなく、事実上、農地の占有をAからBに移転し、同人が当該農地を使用・収益している場合はどうか。この場合、農地の所有権がBに移転しないことは当然である。さらに、このような行為は、法64条１号に抵触する違法な行為であり、３年以下の拘禁刑（ただし、令和７年６月１日より前は「３年以下の懲役」となる。）または300万円以下の罰金に処せられる犯罪行為に該当する（⇒64(３))。

(３) 当事者間で法律行為を行い、法３条の許可を受けた場合、上記のとおり、法律行為の効力が発生する。例えば、農地の売主Aと買主Bが売買契約をして、法３条の許可を受ければ、農地の所有権は、AからBに移転する。しかし、後日、当該許可処分に違法または不当な点があったという理由で、農業委員会によって処分が取り消された場合、売買契約は遡及的に効力を失い、農地の所有権は、最初からAの下にあったことになる（遡及効)。

また、AとBの間で農地の賃貸借が成立し、法３条の許可を受けた場合、賃貸借は有効となる。仮に農業委員会が、後日、処分に瑕疵があったという理由で、許可を取り消した場合はどうか。この場合も、原則どおり、処分取消しの効果は遡及すると考えるのが一般的な立場である（ただし、授益的処分については遡及効を制限しようとする見解がないわけではない。)。つまり、最初から無効ということになって、A・B双方に重大な影響が及ぶ。

（農地又は採草放牧地の権利移動の許可の取消し等）

第３条の２ 農業委員会は、次の各号のいずれかに該当する場合には、農地又は採草放牧地について使用貸借による権利又は賃借権の設定を受けた者（前条第３項の規定の適用を受けて同条第１項の許可を受けた者に限る。次項第１号において同じ。）に対し、相当の期限を定めて、必要な措置を講ずべきことを勧告することができる。
一　その者がその農地又は採草放牧地において行う耕作又は養畜の事業により、周辺の地域における農地又は採草放牧地の農業上の効率的かつ総合的な利用の確保に支障が生じている場合
二　その者が地域の農業における他の農業者との適切な役割分担の下に継続的かつ安定的に農業経営を行つていないと認める場合
三　その者が法人である場合にあつては、その法人の業務執行役員等のいずれもがその法人の行う耕作又は養畜の事業に常時従事していないと認める場合

2　農業委員会は、次の各号のいずれかに該当する場合には、前条第３項の規定によりした同条第１項の許可を取り消さなければならない。
一　農地又は採草放牧地について使用貸借による権利又は賃借権の設定を受けた者がその農地又は採草放牧地を適正に利用していないと認められるにもかかわらず、当該使用貸借による権利又は賃借権を設定した者が使用貸借又は賃貸借の解除をしないとき。
二　前項の規定による勧告を受けた者がその勧告に従わなかつたとき。

3　農業委員会は、前条第３項第１号に規定する条件に基づき使用貸借若しくは賃貸借が解除された場合又は前項の規定による許可の取消しがあつた場合において、その農地又は採草放牧地の適正かつ効率的な利用が図られないおそれがあると認めるときは、当該農地又は採草放牧地の所有者に対し、当該農地又は採草放牧地についての所有権の移転又は使用及び収益を目的とする権利の設定のあつせんその他の必要な措置を講ずるものとする。

【注 釈】

3の2　本条の趣旨

（1）　法３条の２第１項は、農業委員会は、同項各号のいずれかに該

当する場合には、農地等について賃借権等の設定を受けた者（ただし、法3条3項の適用を受けて同条1項の許可を受けた者に限る。）に対し、相当の期限を定めて必要な措置を講ずべきことを勧告することができる。

本項の趣旨について、処理基準は、上記の許可を受けた者について、「事後においても農地等の適正な利用の確保を確認することが重要であることから、設けられている」との認識を示し、同項の勧告については、法3条2項2号の「許可取消の前置手続であることから、地域の営農状況等に著しい被害を与えていることを十分確認した上で行うことと」するとしている（処理基準第4）。

勧告は、相手方に対し、一定の行為（必要な措置を講ずること）を強制する力を持たない（したがって、行政指導の性格を持つと考えられる。）。仮に相手方がこれに従わなかったとしても、罰則の適用があるわけではない。しかし、仮に勧告に従わなかったときは、後で触れるとおり、同条2項2号の規定によって、農業委員会は、上記の許可を取り消さなければならないと定められているため（**義務的取消し**）、許可の撤回が現実化するおそれがある。

なお、ここでいう許可処分の**取消し**の意味であるが、法的には許可処分の**撤回**となる。（注1）（注2）

（注1） 取消しと撤回の相違点

a 処分の取消しとは、処分時に存在した瑕疵（違法または不当の事由の存在）を理由に、行政庁（処分庁）が処分を取り消すことをいう。例えば、法3条1項の許可を受けたい旨の申請が出され、農業委員会でその内容を審査したが、本来であれば不許可処分とすべきところ、法令の解釈を誤って許可処分をしてしまった場合に、後日、農業委員会が職権を発動して自ら行った許可処分を取り消す場合がこれに当たる

（**職権取消し**）。職権取消しの場合、当初の処分は、処分時点に遡及して効力を失う（**遡及効**）。職権取消しは、自由に行えるものではなく、それを取り消すことが相手方その他関係者の利益を著しく害するような場合は、職権取消しを行うことができない（判例・通説）。

b　これに対し、処分の撤回とは、処分時以降に新たに発生した事情によって、これ以上処分の効力を維持することが妥当でないと判断される場合に、処分を行った行政庁（処分庁）が将来に向けて処分の効力を失わせるために行う。したがって、遡及効はない。例えば、賃借人となるべき者が、賃借権の設定を受けようと３条許可申請をした当時、適正に農地を使用・収益する旨を確約したため、許可を受けることができたが、後日、その約束を破って農地の無断転用に及んだ場合がこれに当たる。なお、取消しまたは撤回を問わず、一般法令の場合、「取消し」の文言が使用されているのが普通である。

（注２）　撤回権の根拠

上記のとおり、撤回とは、何らの瑕疵なく成立した行政処分について、後発的事情を理由に当該行為を将来に向けて消滅させる行為である。撤回権行使の法令上の根拠について、通説は、必ずしも個別の明文を必要とするものではないという考え方をとっている。そのため第１に、法３条の２第２項のように個別の根拠規定がある場合は、当該規定の解釈に委ねられる。第２に、撤回権の行使を根拠付ける個別の規定がない場合は、処分の根拠となる法令自体に撤回権が含まれていると解する。第３に、個別の根拠規定があるか否かの問題とは別に、行政庁は、いつでも自由に撤回できるということではない。簡明化して考えた場合、相手方その他関係者の利益を含めた諸般の事情を総合的に考慮した上で、①当初の許可要件がその後に欠如した場合、②許可を受けた者の個別の利益を上回る公益上の必要性がある場合に、それぞれ撤回処分が可能と解する。

（２）　法３条の２第２項は、農業委員会は、「次の各号のいずれかに該当する場合には、前条第３項の規定によりした同条第１項の許可を取り消さなければならない」と定める。すなわち、次の場合に処分の取消しが義務付けられる。

ア　第1に、農地等について賃借権等の設定を受けた者が、その農地等を適正に利用していないと認められるにもかかわらず、当該賃借権等の設定をした者（通常は、農地の所有者である。）が、賃貸借等の解除をしない場合である（同条２項１号）。

ここでいう「**適正に利用していない**」の意味について、処理基準は、①当該農地等を違反転用した場合、②当該農地等を法32条１項１号に該当するもの（遊休農地）にしている場合を掲げる（処理基準第４（２））。

また、このような事態が生じた場合における農業委員会の対応について、処理基準は、①の場合は、違反を確認次第直ちに賃借権等を設定した者に対し、「契約の解除を行う意思の確認を行い、契約の解除が行われない場合には、許可の取消しを行うものとする」とする。また、②の場合についても、ほぼ同様の内容となっており、「その状態が確認された時点から速やかに」意思確認を行い、契約の解除が行われない場合は許可を取り消すとしている。

しかし、このような、賃貸人と賃借人の私法上の合意に基づく農地の賃貸借契約について、例えば、賃借人に契約違反（農地を適正に利用していない事実の発生）があったとしても、その契約を解除するか否かは、本来は賃貸人の自由に委ねられるべき事項である（私法上の権利）。つまり、賃貸人が解除権を行使することは、権利ではあっても義務ではない。その観点に立てば、賃貸人が任意に解約解除しないことを捉えて、法が、農業委員会は、既存の許可処分を取り消さなければならないと定めていることは、たとえ、事前に行政手続法の定める意見陳述のための手続が履行されることになっているとしても（行手13条）、立法内容の妥当性に疑問が残る。

もっとも、上記意見陳述のための手続を経た結果、農業委員会において、許可処分の取消し（正確には撤回）を断念することも考えられるし、また、仮に農業委員会が同処分を取り消した場合、相手方（賃貸人）からその処分の取消訴訟が提起され、結果、裁判所によって違法な撤回処分と評価され、その取消しを命じられることもあり得る。

イ　第２に、法３条の２第１項の規定による勧告を受けた者が、その勧告に従わなかった場合である（同条２項２号）。この場合も、農業委員会は、法３条１項の許可を取り消さなければならないと定められている。なお、ここでいう「勧告を受けた者」とは、ほとんどの場合、賃借人を指すことになる（無償契約である使用貸借による権利の設定自体が余り行われないと推測されるためである。）。

ウ　以上のとおり、農業委員会が撤回権を行使できる場合として、（ⅰ）賃借権等を設定した者（農地の賃貸人）が賃貸借等を任意に解除しない場合、（ⅱ）農業委員会から勧告を受けた者（農地の賃借人または借主）が勧告に従わなかった場合、の２つのものがある。

また、撤回権を行使できる原因は、上記２つの場合で異なる（以下、賃貸借の場合について述べる。）。（ⅰ）の場合が生じる原因は、賃借人による適正を欠いた農地等の利用である。これは、上記の撤回権行使が正当化される場合の基本原則に当てはめると、「許可要件の欠如」の場合に当たる。他方、（ⅱ）の場合が生じる主な原因は、周辺地域における農地等の農業上の効率的かつ総合的な利用の確保に支障が生じていることである。これを上記の基本原則に当てはめると、「個別の利益を上回る公益上の必要性が発生した場合」に当たると考えられる。

このように、農業委員会が撤回処分を行うと、賃貸借の効力は将来に向かって失われ（法３条６項）、その結果、賃貸人は賃料を得る権利を失い、一方で、賃借人は農地等を耕作する権利を失うに至る。

（３） 法３条の２第３項は、法３条３項１号の解除特約に基づいて賃貸借等が解除された場合または法３条の２第２項の規定に基づく許可の撤回があった場合において、その農地等の適正かつ効率的利用が図られないおそれがあると認めるときに、農業委員会が、権利の設定のあっせんその他の必要な措置を講ずるとしている。

（農地又は採草放牧地についての権利取得の届出）
第３条の３ 農地又は採草放牧地について第３条第１項本文に掲げる権利を取得した者は、同項の許可を受けてこれらの権利を取得した場合、同項各号（第12号及び第16号を除く。）のいずれかに該当する場合その他農林水産省令で定める場合を除き、遅滞なく、農林水産省令で定めるところにより、その農地又は採草放牧地の存する市町村の農業委員会にその旨を届け出なければならない。

【注 釈】

３の３ 本条の趣旨

（１） 法３条の３は、農地等について所有権等の権利を取得した者のうち、法３条１項の許可を受けている場合、同項各号のいずれかに該当する場合（ただし、12号・16号（規15条）の場合を除く。）その他農林水産省令で定める場合（規18条）を除き、農業委員会にその旨を届け出なければならないと定める。

（２） 本条の**届出**は、行手法２条７号が規定する、「行政庁に対し一定の事項を通知する行為（申請に該当するものを除く。）であって、法令により直接に当該通知が義務付けられているもの（自己の期待する一定の法律上の効果を発生させるためには当該通知をすべきこととされているものを含む。）をいう」と同じものである。

その趣旨は、農業委員会において、法３条の許可制度を通じて、または、他法令の定める制度によって農地等の権利移転・設定を把握することができる場合は別として、農地等の権利移転・設定の事実を全く把握できない場合に、本条で届出を義務付けることによって、農地の権利関係に関する必要な情報を収集することにある。

届出は、法令の定める形式的要件を満たす必要があり、仮にそれを欠いたまま所定の行政機関に到達したとしても、届出義務を果たしたことにはならず、届出としての効果は認められないと解される（無届という評価となる。）。

（３）　届出をする必要がある具体的な場合として、相続、遺産分割、包括遺贈、相続人に対する特定遺贈、時効取得等の場合がある。（注）

例えば、被相続人Aが死亡し、相続が開始されて相続人B・C・Dが遺産分割協議を行い、その結果、Bが遺産に属した全部の農地の所有権を相続することに決まった場合、法３条の許可は不要である（法３条１項12号）。この場合、農業委員会としては、一体、従前Aが所有していた農地が複数の相続人のうちの誰に相続されたのかは全く不明である。本条によって届出義務があるBは、所定の書面を提出することによって、農地の権利を取得した旨を農業委員会に届け出なければならない（規19条）。仮にBがこれを怠り、または故意に虚偽の内容を届け出た場合、10万円以下の**過料**に処せられる（法69条）。

（注）　時効取得

a　**時効**は、民法によって認められた制度であり、その種類としては消滅時効と取得時効の２つがある。時効制度の趣旨は、いずれの場合も、長期間にわたって継続した（真実の権利関係とは異なった）事実状態を尊重し、これをそのまま正当な権利関係と認めようとすることにある。時効の効力は、その起算日に遡るとされている（民144条）。**遡及**

効を認めたのは、時効完成後の法律関係を簡明なものとするためである。よって、消滅時効の場合はその権利を行使することができる時点まで、取得時効の場合は物の占有が開始された時点まで、それぞれ遡及する。ここで問題となるのは、取得時効の方である。**取得時効**には、いわゆる長期取得時効と短期取得時効の２つのものがある（民162条）。いずれの場合も占有者に「**所有の意思**」があることが要件となる。所有の意思とは、簡単にいえば、所有者として占有する意思という意味である。また、当該占有は、平穏、かつ、公然と行われる必要がある（民162条）。

b　取得時効が完成するのに必用な占有期間は、短期取得時効の場合は10年間であり（民162条２項）、長期取得時効の場合は20年間である（同条１項）。求められる占有期間が、より短い短期取得時効の方が、それだけ時効成立のための要件が厳しく、占有開始時に、**善意**（自分の物であると信じること）、かつ、**無過失**（自分の物であると信じることに過失がないこと）であることが要求される。一方、長期取得時効の方は、善意および無過失が要求されていない（例えば、悪意つまり自分の物でないことを知っている場合であってもよい。）。

c　**農地の所有権**についても取得時効が成立する。売主と買主が転用目的で農地の売買をしたが、農地法５条の許可を受けることを失念したまま農地を買主に引き渡した場合、当該引渡しの時点で、買主の占有（自主占有）開始があったとされる（最判平13・10・26民集55・６・1001）。この場合、農地法の許可を受けることを怠ったという点に過失が認められ、時効完成に必要な期間は20年間となる。なお、農地所有権の時効取得が認められる場合、農地法上の許可は不要となる（最判昭50・９・25民集29・８・1320）。換言すれば、許可権者の許可がなくても、自主占有自体は成立するということである（最判昭52・３・３民集31・２・157）。

d　**農地の賃借権**についても時効取得が成立し、その場合、農地法上の許可は必要でないとするのが判例の立場である（最判平16・７・13判時

1871・76)。民法163条は、「所有権以外の財産権を、自己のためにする意思をもって、平穏に、かつ、公然と行使する者は、前条の区別に従い20年又は10年を経過した後、その権利を取得する」と定める。賃借権は、(所有権以外の) 財産権である。ここでいう「行使する者」という要件であるが、事実上の賃借人は、対象となる農地を占有し、これを使用・収益していることから、行使する者に該当する。

（農地の転用の制限）

第４条　農地を農地以外のものにする者は、都道府県知事（農地又は採草放牧地の農業上の効率的かつ総合的な利用の確保に関する施策の実施状況を考慮して農林水産大臣が指定する市町村（以下「指定市町村」という。）の区域内にあつては、指定市町村の長。以下「都道府県知事等」という。）の許可を受けなければならない。ただし、次の各号のいずれかに該当する場合は、この限りでない。

一　次条第１項の許可に係る農地をその許可に係る目的に供する場合

二　国又は都道府県等（都道府県又は指定市町村をいう。以下同じ。）が、道路、農業用用排水施設その他の地域振興上又は農業振興上の必要性が高いと認められる施設であつて農林水産省令で定めるものの用に供するため、農地を農地以外のものにする場合

三　農地中間管理事業の推進に関する法律第18条第７項の規定による公告があつた農用地利用集積等促進計画の定めるところによつて設定され、又は移転された同条第１項の権利に係る農地を当該農用地利用集積等促進計画に定める利用目的に供する場合

四　特定農山村地域における農林業等の活性化のための基盤整備の促進に関する法律第９条第１項の規定による公告があつた所有権移転等促進計画の定めるところによつて設定され、又は移転された同法第２条第３項第３号の権利に係る農地を当該所有権移転等促進計画に定める利用目的に供する場合

五　農山漁村の活性化のための定住等及び地域間交流の促進に関する法律第５条第１項の規定により作成された活性化計画（同条第４項各号に掲げる事項が記載されたものに限る。）に従つて農地を同条第２項第２号に規定する活性化事業の用に供する場合又は同法第９条第１項の規定による公告があつた所有権移転等促進計画の定めるところによつて設定され、若しくは移転された同法第５条第10項の権利に係る農地を当該所有権移転等促進計画に定める利用目的に供する場合

六　土地収用法その他の法律によつて収用し、又は使用した農地をその収用又は使用に係る目的に供する場合

七　市街化区域（都市計画法（昭和43年法律第100号）第７条第１項の市街化区域と定められた区域（同法第23条第１項の規定による協議を要する場合にあつては、当該協議が調つたものに限る。）をいう。）内にある農地を、政令で定めるところによりあらかじめ農業委員会に届け出て、農地以外のものにする場合

八　その他農林水産省令で定める場合

2　前項の許可を受けようとする者は、農林水産省令で定めるところにより、農林水産省令で定める事項を記載した申請書を、農業委員会を経由して、都道府県知事等に提出しなければならない。

3　農業委員会は、前項の規定により申請書の提出があつたときは、農林水産省令で定める期間内に、当該申請書に意見を付して、都道府県知事等に送付しなければならない。

4　農業委員会は、前項の規定により意見を述べようとするとき（同項の申請書が同一の事業の目的に供するため30アールを超える農地を農地以外のものにする行為に係るものであるときに限る。）は、あらかじめ、農業委員会等に関する法律（昭和26年法律第88号）第43条第１項に規定する都道府県機構（以下「都道府県機構」という。）の意見を聴かなければならない。ただし、同法第42条第１項の規定による都道府県知事の指定がされていない場合は、この限りでない。

5　前項に規定するもののほか、農業委員会は、第3項の規定により意見を述べるため必要があると認めるときは、都道府県機構の意見を聴くことができる。

6　第1項の許可は、次の各号のいずれかに該当する場合には、することができない。ただし、第1号及び第2号に掲げる場合において、土地収用法第26条第1項の規定による告示（他の法律の規定による告示又は公告で同項の規定による告示とみなされるものを含む。次条第2項において同じ。）に係る事業の用に供するため農地を農地以外のものにしようとするとき、第1号イに掲げる農地を農業振興地域の整備に関する法律第8条第4項に規定する農用地利用計画（以下単に「農用地利用計画」という。）において指定された用途に供するため農地以外のものにしようとするときその他政令で定める相当の事由があるときは、この限りでない。

一　次に掲げる農地を農地以外のものにしようとする場合

イ　農用地区域（農業振興地域の整備に関する法律第8条第2項第1号に規定する農用地区域をいう。以下同じ。）内にある農地

ロ　イに掲げる農地以外の農地で、集団的に存在する農地その他の良好な営農条件を備えている農地として政令で定めるもの（市街化調整区域（都市計画法第7条第1項の市街化調整区域をいう。以下同じ。）内にある政令で定める農地以外の農地にあつては、次に掲げる農地を除く。）

（1）　市街地の区域内又は市街地化の傾向が著しい区域内にある農地で政令で定めるもの

（2）　（1）の区域に近接する区域その他市街地化が見込まれる区域内にある農地で政令で定めるもの

二　前号イ及びロに掲げる農地（同号ロ（1）に掲げる農地を含む。）以外の農地を農地以外のものにしようとする場合において、申請に係る農地に代えて周辺の他の土地を供することにより当該申請に係る事業の目的を達成することができると認められるとき。

三　申請者に申請に係る農地を農地以外のものにする行為を行うため

に必要な資力及び信用があると認められないこと、申請に係る農地を農地以外のものにする行為の妨げとなる権利を有する者の同意を得ていないことその他農林水産省令で定める事由により、申請に係る農地の全てを住宅の用、事業の用に供する施設の用その他の当該申請に係る用途に供することが確実と認められない場合

四　申請に係る農地を農地以外のものにすることにより、土砂の流出又は崩壊その他の災害を発生させるおそれがあると認められる場合、農業用用排水施設の有する機能に支障を及ぼすおそれがあると認められる場合その他の周辺の農地に係る営農条件に支障を生ずるおそれがあると認められる場合

五　申請に係る農地を農地以外のものにすることにより、地域における効率的かつ安定的な農業経営を営む者に対する農地の利用の集積に支障を及ぼすおそれがあると認められる場合その他の地域における農地の農業上の効率的かつ総合的な利用の確保に支障を生ずるおそれがあると認められる場合として政令で定める場合

六　仮設工作物の設置その他の一時的な利用に供するため農地を農地以外のものにしようとする場合において、その利用に供された後にその土地が耕作の目的に供されることが確実と認められないとき。

7　第1項の許可は、条件を付けてすることができる。

8　国又は都道府県等が農地を農地以外のものにしようとする場合（第1項各号のいずれかに該当する場合を除く。）においては、国又は都道府県等と都道府県知事等との協議が成立することをもつて同項の許可があつたものとみなす。

9　都道府県知事等は、前項の協議を成立させようとするときは、あらかじめ、農業委員会の意見を聴かなければならない。

10　第4項及び第5項の規定は、農業委員会が前項の規定により意見を述べようとする場合について準用する。

11　第1項に規定するもののほか、指定市町村の指定及びその取消しに関し必要な事項は、政令で定める。

【注 釈】

4－1　4条の趣旨・目的

法がその1条で掲げる立法目的には複数のものが示されているが、農地の転用を規制することも、当該立法目的を達成するための1つの手段ということができる（⇒1－1）。

4－2　農地の転用

農地の転用とは、農地を人為的に農地以外のものにすることを指す（農地の非農地化）。既に述べたとおり、農地とは、耕作の目的に供される土地を指す（⇒2－1）。農地を非農地化する行為とは、例えば、農地を住宅地、工場用地、駐車場、道路等に変えることを指す。植林についても、農地を耕作の目的に供することが不可能となるため、転用に当たると解するのが一般的である。

一方、ハウス等の農業用施設については、ハウス内の地表の土地を直接耕作の目的に供するような形態のものは、転用に当たらないと解される。また、仮にハウス内の底面をコンクリートで覆う場合であっても、例外的に、転用に該当しないものと取り扱われることがある。**農作物栽培高度化施設**に関する特例である（法43条1項）。すなわち、農業委員会に届け出て、農作物栽培高度化施設の底面とするために農地をコンクリートその他これに類するもので覆う場合における当該農地については、「当該農作物栽培高度化施設において行われる農作物の栽培を耕作に該当するものとみな」すとしている。また、農作物栽培高度化施設の定義は法定されており、その詳細は、農林水産省令で定められる（同条2項、規88条の2）。

なお、採草放牧地を採草放牧地以外のものとする行為も転用と呼ばれるが、法4条の自己転用の場合は、これを特に規制する定めは置かれていない。

4－3　4条転用許可の意味

（1）　法4条の転用は、**自己転用**と呼ばれることがある。法4条は、事実行為として行われる転用行為自体を規制するものであり、同条の許可を受けることにより、法によって、あらかじめ国民に課せられた一般的禁止が解除され、農地転用の自由が回復する（⇒3－15(1)）。したがって、ここでの**許可**は、禁止の解除という意味を持つ。

次に、通常、法4条の許可申請者として予定されているのは、農地の所有権者および他人所有の農地についてそれを耕作する正当な権原（賃借権、使用貸借による権利等）を有する者である。

しかし、法4条1項本文は、「農地を農地以外のものにする者は」と定めており、申請者の資格要件として、必ずしも正当な占有権原を有することを求めていない。したがって、例えば、他人所有の農地を不法に占有している者も含まれる。なぜなら、同人が、当該農地を法4条の許可を受けることなく転用した場合にも（無断転用）、やはり法4条違反として取り扱う必要があるからである（同人に対し、例えば、原状回復命令を出す必要がある。）。

運用通知も、上記の条文の意味について、「およそ農地を農地以外のものとする事実行為をなす全ての者をいう」としている（運用通知第2・1）。

以上のことから、法4条の規制は、転用事業者が農地に対して正当な権原を持っていると否とにかかわらず及ぶと解する。

（2）　ただし、実務上は、権原の有無にかかわらず、また、誰であろうと無制限に、法4条の許可申請をすることが許容されているわけではない。

ア　事務処理要領は、所有権以外の権原に基づいて申請する場合には所有者の同意書を、また、申請農地について権原に基づく耕作者がいる場合には同人の同意書をそれぞれ添付することを求めている（事務処理要領第４・１(１)イ)。

また､処理基準は､賃借権の設定された農地を転用しようとする場合について、「当該農地について耕作を行っている者以外の者が転用する場合の許可は、その農地に係る法第18条第１項の賃貸借の解約等の許可と併せて処理するものとする」としている(処理基準第６・２(１))。

例えば、Aが所有する農地について、賃借人Bが現に耕作をしている状態であるところ、Aが農地の転用を行おうとした場合、Aは、都道府県知事から、法18条に基づき賃貸借解約等にかかる許可を受ける必要がある。Aの行う法４条の許可申請は、上記18条の許可申請と並行して審査されることになる（審査の結果、法18条の許可が出ない場合、法４条の許可も出ないことになる。この点が後に問題となる。⇒18－４(２))。

イ　仮に上記事務処理要領または処理基準に適合しない許可申請が出された場合、Aは、実務上、不許可処分を受ける可能性が高い（ただし、当該不許可処分が、法に照らして適法か違法かの問題は別であり、この点について争いが存在するのであれば、最終的にはAの訴えの提起を待って、裁判所が判決で決着させることになる。)。

４－４　４条転用許可権者

(１)　法４条１項本文は、法４条１項の許可権者として２つのものを指定する。第１に、**都道府県知事**である。第２に、農林水産大臣が指定する市町村（これを「**指定市町村**」という。）の区域内にあっては**指定市町村の長**である。これら都道府県知事と指定市町村の長を併せて**都道府県知事等**と呼ぶ。(注)

(注)　農地転用許可事務の移譲

自治法252条の17の２は、「都道府県は、都道府県知事の権限に属する事務の一部を、条例の定めるところにより、市町村が処理することとすることができる。この場合においては、当該市町村が処理することとされた事務は、当該市町村の長が管理し及び執行するものとする」と定める。これを**条例による事務処理の特例制度**という。このように農地転用許可事務の移譲を受けた市町村長は、更にその事務を農業委員会などに委任することができる（自治180条の2）。例えば、A県知事が有する農地転用許可事務をB市に移譲した場合、B市長は、自ら農地転用の許可権限を行使することができる。さらに、B市長は、B市農業委員会に対し、その事務を委任することもできる。

（2）　法附則2項は、同一の事業目的に供するため4ヘクタールを超える農地を転用しようとする場合、都道府県知事等は、当分の間、あらかじめ農林水産大臣に**協議**しなければならないと定めている。

4－5　4条1項ただし書

（1）　法4条1項ただし書は、「ただし、次の各号のいずれかに該当する場合は、この限りでない」と定める。

同項ただし書に列挙されたいずれかの場合に該当すれば、法4条1項の許可を受けることなく、適法に農地転用をすることができる。これらの場合に当たると、そもそも許可を受ける必要がなくなり、いわゆる**許可除外**の取扱いを受ける。

法4条1項ただし書は、1号から8号まで規定する。ここでは、実務上しばしば問題となる7号の場合について述べる。

（2）　同項7号は、「市街化区域（中略）内にある農地を、政令で定めるところによりあらかじめ農業委員会に届け出て、農地以外のものにする場合」について定める。

ア　**市街化区域内農地**の転用に関する規定である。ここでいう「**市街化区域**」とは、都市計画法（以下「**都計法**」という。）7条に根拠があり、同条の定義によれば、「すでに市街地を形成している区域及びおおむね10年以内に優先的かつ計画的に市街化を図るべき区域」とされる（都計7条2項）。

市街化区域内の農地を転用しようとする者は、農業委員会に対して**届出**をする必要があるが、その場合、省令（規則）で定めるところにより、所定の事項を記載した**届出書**を提出する（令3条1項）。（注1）（注2）

上記届出書の提出を受けた農業委員会は、当該届出を受理したときはその旨を、受理しなかったときはその旨およびその理由を、遅滞なく、当該届出者に対し、書面で通知しなければならない（令3条2項）。（注3）

イ　このように、市街化区域内の農地を転用しようとする者は、届出書を農業委員会に提出する必要があるが、ここでいう「届出」は、行手法の定める**申請**の性質を持つと解される。

なぜなら、行手法でいう申請とは、「法令に基づき、行政庁の許可、認可、免許その他の自己に対し何らかの利益を付与する処分（中略）を求める行為であって、当該行為に対して行政庁が諾否の応答をすべきこととされているものをいう」と定義されているからである（行手2条3号）。

一方、前記のとおり、行手法は、**届出**については、「行政庁に対し一定の事項を通知する行為（申請に該当するものを除く。）」と定義しており（⇒3の3（2））、行政庁において応答することを予定していない（行手2条7号）。したがって、行手法でいう届出は、法4条1項7号の定める届出とは異なる。

ウ　農業委員会は、届出に対し、受理または不受理の応答をする義務がある。ここでいう、受理または不受理については、（ⅰ）届出が農業委員会によって受理されることによって市街化区域内の自己所有農地を転用することが可能となり（自己転用の場合）、あるいは第三者において転用のための権利取得が可能となること（法５条１項６号）、また、(ⅱ)事務処理要領が、農業委員会が、届出者に対して受理しない旨の通知をする場合に、審査請求の申立てまたは処分の取消しを求める訴訟を提起できる旨を知らせる教示文を記載するとしていることから（事務処理要領第４・５(５))、受理または不受理は、行政処分の性質を持つと解される。

このように、法４条１項７号の「届出」を実質的に申請と解する以上、行手法７条の規制が及ぶことになる。すなわち、「行政庁は、申請がその事務所に到達したときは遅滞なく当該申請の審査を開始しなければなら」ない。すなわち、行政庁である農業委員会には、申請（届出）に対する**審査開始・応答義務**が発生する。

仮に申請の内容が形式上の要件に適合しない場合は、農業委員会としては、「速やかに、申請をした者（中略）に対し相当の期間を定めて当該申請の補正を求め、又は当該申請により求められた許認可等を拒否しなければならない」ことになる（行手７条）。

エ　なお、法４条・５条の転用届出について、下級審判決は、次のような法解釈を示している。①転用届出の受理は、当該届出を有効な行為として受領する受動的意思表示であり、対象とされた私法上の法律行為を有効ならしめる効力を持つ（名古屋地判昭50・９・22判時806・32)。②賃借人が存在する農地について、同人の同意を得ることなく、売買を目的とする転用届出が受理された事案について、重大な瑕疵が存在すると判断されるため当然無効であり、本件売買契約も無効である（宇都宮地足利支判昭56・10・29判時1053・144)。③売買契約当事者の一方の意思を欠いたまま法５条転用届出が農業委員会に受理された事案について、当事者の意思に基づかないで提出された届出は無効であって、これに基づいてなされた受理処分も違法であるから、その取消しを求めることができる（岐阜地判平19・３・７（平17（行ウ）13))。（注４）

（注1） 届出書の記載事項

施行令3条1項を受けて、規則27条は届出書の記載事項について定めている。

①届出者の氏名および住所（法人にあっては、名称、主たる事務所の所在地および代表者の氏名）、②土地の所在、地番、地目および面積、③土地の所有者および耕作者の氏名または名称および住所、④転用の目的および時期ならびに転用の目的にかかる事業または施設の概要、⑤規則31条6号に掲げる事項（転用することによって生ずる付近の農地、作物等の被害の防除施設の概要）の5つである。

（注2） 届出書の添付書類

届出書を提出する場合には、次の書類を添付しなければならない（規26条）。①土地の位置を示す地図および土地の登記事項証明書、②届出にかかる農地が賃貸借の目的となっている場合には、その賃貸借につき法18条1項の規定による解約等の許可があったことを証する書面である。

以上のとおり、市街化区域内の農地転用については、農業委員会において届出を受理するための要件といえるようなものは見当たらない。転用届出をする者は、形式どおりの届出書を作成し、形式どおりの書類を添付しておけば、ほぼ間違いなく受理される。換言すると、市街化区域内の農地転用は、原則自由ということである。しかし、これは妥当な思想とは言い難い。食料安全保障の観点からも、これまでのような市街化区域内における主に住宅用地供給を目的とした「農地転用自由の原則」は今後抜本的見直しを図るべきであろう。

ところで、転用届出の対象となっている農地について、他人の賃借権が設定されている場合は、届出をする前に、賃借人との間で合意解約を済ませておくか、あるいは法18条1項の許可を受けておく必要がある（規26条2号。⇒18－2）。これらの手続を事前に履行しておかない限り、市街化区域内の賃貸農地を転用することは認められない。

（注3） 届出を受理しない場合

処理基準は、届出を受理しない場合として、「少なくとも次に掲げる場合には、当該届出が適正なものではないこととして不受理とするものとする」としている（処理基準第6・3(2)ア～ウ）。すなわち、①届出にかかる農地が市街化区域にない場合、②届出者が届出にかかる農地につき権原を有していない場合、③届出書に添付すべき書類が添付されていない場合の3つである。農業委員会から不受理の通知を受けた届出者としては、その処分を受け入れるか、あるいは違法な処分としてその取消しを求めて訴えを起こすことも可能である（**処分の取消訴訟**。行訴3条2項)。さらに、処分の取消訴訟と併せて、届出の受理を求める**義務付け訴訟**を提起することも可能である（行訴3条6項2号)。

（注4） 処分の取消しと無効

行政庁によって行われた行政処分が法令（法律、政令、省令等を指す。）に反した違法なものであっても、当然に処分が無効となるわけではない。違法な処分が遡及的に無効とされるためには、(ⅰ)取消権を持つ者によって、一定の手続を経た上で処分が取り消される必要がある（単なる違法にとどまる場合は、取り消されるまでは、当該処分は依然として有効である。)。ただし、(ⅱ)処分に重大かつ明白な違法がある場合は、当該処分は、取消しを待つことなく、最初から当然に無効であって、何らの効力を持たない（**重大明白説**。最判昭36・3・7民集15・3・381)。なお、行訴法3条4項は、**無効等確認訴訟**を、「処分若しくは裁決の存否又はその効力の有無の確認を求める訴訟をいう」と定義し、同法36条は、原告適格（無効等確認訴訟を提起することができる資格を指す。）について定めている。

(3) 法4条1項8号には、特に、省令によって許可除外とされる場合が列挙されている。

例えば、耕作の事業を行う者が、その農地をその者の耕作の事業に供する他の農地の保全・利用の増進のため、またはその農地（2アール未満のものに限る。）をその者の農作物の育成または養畜の事業のための**農業用施設**に供する場合（規29条１号）、電気事業者が送電用電気工作物等の敷地に供するため農地を転用する場合（同条13号）、地方公共団体等（ただし、都道府県等を除く。）が市街化区域内にある農地を転用する場合（同14号）、ガス事業者がガス導管の変位の状況を測定する等の設備の敷地に供するため農地を転用する場合（同18号）、農地を家畜伝染病予防法21条１項または４項の規定による焼却または埋没の用に供する場合（同19号）などの場合が規定されている。

４－６　４条２項

（１）　法４条１項の許可を受けようとする者は、農林水産省令で定めるところにより、同省令で定める事項を記載した申請書を、農業委員会を経由して、都道府県知事等に提出しなければならない（法４条２項）。

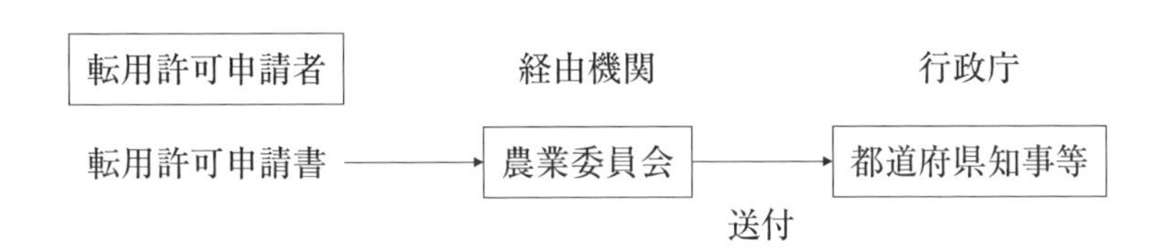

（２）　上記申請書に記載すべき事項は、次のように省令で定められている（規31条）。

①申請者の氏名および住所（法人にあっては、名称、主たる事務所の所在地および代表者の氏名）、②土地の所在、地番、地目および面積、③転用の事由の詳細、④転用の時期および転用の目的にかかる事業または施設の概要、⑤転用の目的にかかる事業の資金計画、⑥転用すること

によって生ずる付近の農地、作物等の被害の防除施設の概要、⑦その他参考となるべき事項の7つである。(注)

(注) 申請書に添付する書類

事務処理要領は、次のとおり、申請書に添付する書類について細かく定めている。①法人の定款等、②申請土地の登記事項証明書、③申請土地の地番を表示する図面、④転用候補地の図面、⑤建設予定の建物または施設の図面、⑥資力・信用を証明する書面、⑦関係権利者の同意書、⑧許認可等を受けていることを証明する書面、⑨土地改良区の意見書、⑩水利関係者の同意書、⑪その他参考となるべき書類(事務処理要領第4・1(1)イ(ア)~(サ))。

(3) 法4条の転用許可申請書は、上記のとおり、農業委員会を経由して都道府県知事等に提出しなければならない。したがって、申請者が、直接、都道府県知事等に提出することは認められない(仮に直接提出した場合、不適法なものとなる。)。

4-7 4条3項

(1) 農業委員会は、法4条2項の規定により申請書の提出があったときは、省令で定める期間内に、当該申請書に**意見**を付して都道府県知事等に送付しなければならない(法4条3項)。

この点について、省令は、申請書の提出があった日の翌日から起算して40日(ただし、都道府県機構の意見を聴くときは80日)と定める。例外として、特段の事情がある場合は、この限りでないとしている(規32条)。(注1)(注2)

(注1) 標準処理期間

行手法8条は、「行政庁は、申請がその事務所に到達してから当該申請に対する処分をするまでに通常要すべき標準的な期間」を定めるよう努めるものとしている。この**標準処理期間**は、行政運営の適正化の観点から定められるものである。これを受けて、事務処理要領は、農業委員会が、都道府県農業委員会ネットワーク機構に意見を聴かない場合は、農業委員会による意見書の送付期間を、申請書を受理してから3週間と、また、上記意見を聴く場合は、同じく4週間と定めている。また、都道府県知事等による処分については、申請書および意見書の受理後2週間と定めている（事務処理要領第4・4別表1）。なお、標準処理期間は、適法な申請を前提として定めるものであり、不適法な申請についてその補正を行うために要する期間はこれに含まれていないと解するのが一般的である。

（注2） 農業委員会による送付義務違反

申請者Aが、**経由機関**であるB農業委員会に対し、法4条の申請書を提出したにもかかわらず、B農業委員会が、相当な理由もなく40日（または80日）を経過しても意見書を付してC県知事に送付しなかった場合、Aとしては、誰に対しその責任を問うことができるか。この点に関し、行訴法3条5項は、**不作為の違法確認の訴え**という訴訟類型を定めている。不作為の違法確認の訴えは、「行政庁が法令に基づく申請に対し、相当の期間内に何らかの処分又は裁決をすべきであるにかかわらず、これをしないことについての違法の確認を求める訴訟」である。この訴訟を提起するためには、前提として、申請者が法令上の申請権を持っていること、および行政庁の側が応答義務を負っていることが必要となる。法4条3項はこの要件を満たしている。

ここで問題となるのは、第1に、何時を起点として「不作為」の判断をするのかという点であり、第2に、どの行政庁を相手として訴訟を提起するのかという点である。前者については、経由機関である農業委員会に対して申請した時点が起点となると解される。なぜなら、確かに、法4条の許可権を持つのは都道府県知事等であり、農業委員会は経由機関にすぎないとしても、法4条3項の規定から、申請者は農業委員会に申請書を提出することが義務付けられているからである。したがって、申請書を農業委員会に提出した時点で、都道府県知事等には審査開始・応答義務が生じると解することができる。また、後者については、法4条の許可権を持つ都道府県知事等を相手とすることになる（ただし、行訴法においては、被告適格は処分庁ではなく、行政主体にある。行訴11条・38条）。なお、農地転用許可を受けた者が、後に転用目的を変更しようとして、事業計画変更申請書を提出する場合、農業委員会を経由するものとされているが（現在は事務処理要領第4・6(3)エによる。）、農業委員会が意見書の進達（現在は「送付」である。）を怠ったため、不作為の違法確認の訴えを提起しようとする場合、都道府県知事を被告とすべきであると判断した下級審判決がある（名古屋高金沢支判平元・1・23行集40・1－2・15）。

(2)　農業委員会から申請書の送付を受けた都道府県知事等は、申請の内容を審査し、必要がある場合は更に現地調査を行った上で、許可または不許可の処分を行う（事務処理要領第4・1(5)）。

指令書（許可処分または不許可処分を行ったことを証する書面）は、法4条の場合は申請者のみに対し、また、法5条の場合は原則として当事者の連署による申請書が提出されているため、申請者双方に交付する。

4－8　4条4項・5項

(1)　農業委員会が上記の意見を述べようとする場合に、転用事業の面積が30アールを超えるときは、**都道府県機構**の意見を聴かなければならない（法4条4項）。なお、30アール以下の場合は、意見を聴くことも、あるいは聴かないことも任意である。(注)

(注)　都道府県機構の意見

法4条は、農業委員会が都道府県機構の意見を聴く場合について、上記のとおり定めている。都道府県機構とは、農委法43条1項に根拠を持つ法人である。通常、**農業委員会ネットワーク機構**とも呼ばれ、農委法43条１項各号に掲げられた業務を行う。ここで、都道府県機構の意見の拘束力の有無について、事務処理要領は、「意見を聴いたときは、当該都道府県農業委員会ネットワーク機構の意見も踏まえ意見書を作成する」としており、意見を尊重する必要はあるが、拘束力は認めない趣旨と考えられる（事務処理要領第４・１（４））。都道府県機構は、諮問機関としての立場で農業委員会に対し意見を述べるものであり、農業委員会はその意見に法的に拘束されない。

（２） 前項（４項）に規定するもののほか、農業委員会は、法４条３項の規定により意見を述べるため必要があると認めるときは、都道府県機構の意見を聴くことができる（法４条５項）。

４－９　４条６項本文（総説）

（１） 法４条６項は、「第１項の許可は、次の各号のいずれかに該当する場合には、することができない」と定める。

ア　条文を普通に読む限り、法４条６項１号から６号までに掲げられた事由の１つに該当すれば、許可権者である都道府県知事等は、許可をすることが禁止される。一般論として、法律の条文は、可能な限り構造が簡明で、かつ、国民にとって理解が容易であるものが優れているといえる。

しかし、当該条文は、なぜか性格が異なる許可要件を明確に区別しないまま漫然と並べている。そのため整合性を欠き、また、条文が不必要に複雑化し、結果として、国民の理解を困難ならしめている。

具体的に指摘すれば、同項のうち、１号および２号は、いわゆる立地基準を定める（運用通知第２・１（１））。**立地基準**とは、転用予定農地が、いかなる立地条件に置かれているかという面から、許可の可否または難易度を決めるという仕組みである。

例えば、一口で農地といっても、その農地が、優良農地として評価される農用地区域内に存在する場合と、人口減少が著しい山間部に残存する耕作放棄地である場合では、全く評価が異なる。前者の場合は、我が国の農業生産力を維持するという観点から考えても、転用を自由に認めることはできない（不許可が原則となる。）。他方、後者の場合は、当該農地の転用を認めても、農業生産面において特に悪い影響は生じないと評価される。このように、立地基準とは、農業生産力の基盤である農地を、純粋に農地として利用する場合における評価ないし格付けということになる。

ところが、同項は、引き続き３号から６号までにおいて、いわゆる一般基準なるものを定めている（運用通知第２・１（２））。**一般基準**にはいろいろな性格のものが含まれているが、主に、転用事業の確実性および周辺農地に対する影響等の観点から規定されたものと言い得る（その内容は、後記のとおりである。）。

イ　このように、全く異なる性格を持つ２つの基準（立地基準と一般基準）を同じ条文内に混在させているため、既に指摘したとおり、条文の構造が複雑なものとなり、一般国民が、これを迅速、かつ、正確に理解することの妨げとなっている。

法４条１項許可の要件（６項）
- 立地基準（１号・２号）
- 一般基準（３号～６号）

（２）　上記のとおり、法４条６項は、農地転用の許可処分をすることができない場合として、同項１号から６号までに不許可要件を列挙している。ただし、これには例外があり、同項ただし書に該当すれば、許可をすることができる（ただし、必ず許可をするという意味ではない。）。

どのような場合が、例外的許可の場合に当たるのかといえば、以下のとおりとなる。

① 同項1号・2号に掲げる場合において、土地収用法26条1項の規定による告示があった事業の用に供するため転用しようとするときである。

② 同項1号イに掲げる農地を、農業振興地域の整備に関する法律8条4項に規定する**農用地利用計画**において指定された用途に供するため転用しようとするときである。

③ その他政令で定める相当の事由がある場合に転用しようとするときである（令4条参照)。

4－10 4条6項各号

法4条6項の許可要件（基準）は、以下に掲げるようなものである。いずれかの事由に該当すれば、許可をすることができない。(注)

	号	許可要件
立地基準	1	イ **農用地区域内にある農地** ➡許可できない ロ 集団的に存在する農地その他の良好な営農条件を備えている農地として政令(令5条)で定めるもの(**第1種農地**) ➡許可できない 第1種農地の要件を満たす農地のうち、市街化調整区域内にある政令（令6条）で定めるもの（**甲種農地**） ➡許可できない 甲種農地の要件を満たす農地を除いた第1種農地から、次のものが除外される（その結果、下記の農地は転用許可が可能となる。)。 (1) 市街地の区域内または市街地化の傾向が著しい区域

		内にある農地で政令（令7条）で定めるもの（**第3種農地**） ➡許可できる （2） 上記（1）の区域に近接する区域その他市街地化が見込まれる区域内にある農地で政令（令8条）で定めるもの（**第2種農地**） ➡一定の要件を満たせば許可できる
	2	前号イおよびロに掲げる農地（ロ（1）に掲げる農地を含む。）以外の農地を転用しようとする場合において、申請にかかる農地に代えて周辺の他の土地を供することにより申請にかかる事業目的を達成することができると認められるとき（達成できると認められないときは、当該農地は転用許可が可能となる。） ➡一定の要件を満たせば許可できる
一般基準	3	申請者に農地転用行為を行うために必要な資力・信用があると認められないこと。申請にかかる農地を転用する行為の妨げとなる権利を有する者の同意を得ていないことその他省令（規47条）で定める事由により転用事業を行うことが確実と認められない場合
	4	申請にかかる農地を転用することにより、土砂の流出その他の災害を発生させるおそれがあると認められる場合、農業用用排水施設の有する機能に支障を及ぼすおそれがあると認められることその他の周辺の農地にかかる営農条件に支障を生ずるおそれがあると認められる場合
	5	申請にかかる農地を転用することにより、地域における効率的かつ安定的な農業経営を営む者に対する農地の利用の集積に支障を及ぼすおそれがあると認められる場合その他の地域の農地の農業上の効率的かつ総合的な利用の確保に支障を生ずるおそれがあると認められる場合として政令（令8条の2）で定める場合

	6	仮設工作物の設置その他の一時的な利用に供するため農地を転用しようとする場合において、その利用に供された後に当該土地が耕作の目的に供されることが確実と認められないとき

（注）　法令上明記されていない漠然とした概念

a　ここで、農用地区域内にある農地、第１種農地、甲種農地、第２種農地および第３種農地という用語が出てくるが、これらの用語は、いずれも法令に直接明記されている用語ではない。運用通知の中で便宜的に使用されている用語にすぎない。したがって、例えば、都計法において用いられている「地域地区」、「開発行為」、「区域区分」などのように、法律でその定義が明記されている用語とは全く意味合いが違うことを最初に確認しておく必要がある。また、法律以外の政令・省令にも当該用語の定義は見当たらず、結局のところ、農林水産省という行政機関が内部で名称を考案した上、転用許可の実務を担っている全国の地方公共団体に対し、その使用を事実上押し付けているにすぎない。

b　また、これらの用語は、相互の関係が曖昧である。つまり、運用通知のいう各農地の種類は、相互に排他的関係にあるのか、あるいは重なる部分があるのかという問題である。この点について、運用通知は、申請にかかる農地が、第１種農地の要件に該当する場合であっても、第３種農地または第２種農地の要件に該当するものは、「第１種農地ではなく、第２種農地又は第３種農地として区分される」という解釈を示す（運用通知第２・１(１)イ(ア))。しかし、このような運用通知の考え方には疑問がある。そのように考える理由が全く示されていないからである。第１種農地の要件に適合した農地であっても、同時に第２種または第３種農地の要件に適合すると、後者の農地として取り扱われるということは、当該農地は、最初から第２種または第３種農地として取り扱うべきではないのか、という疑問が生じるからである。

c　さらに、運用通知は、上記の農地区分に従って、その認定要件を全国一律に細かく規定し、かつ、適用しようとしているが、余り意味のあることではない。なぜなら、もともと法令の第１次的解釈権は、行政処分を行う権限を持つ者（処分権者）にあるというのが、行政法の一般的理解であるところ、法４条の処分をするに当たっては、各許可権者において審査基準を策定するとされているからである。すなわち、行手法２条８号ロは、**審査基準**について、「申請により求められた許認可等をするかどうかをその法令の定めに従って判断するために必要とされる基準をいう」と定義し、さらに、同法５条１項は、「行政庁は、審査基準を定めるものとする」と規定し、行政庁に対し、審査基準の策定義務を課している。このように、都道府県知事等の転用許可権者が、審査基準を策定するに当たっては、もちろん農林水産省が定めた運用通知の内容を参考とすることは自由であるが、しかし、これに法的に拘束されるものではなく（運用通知は法令ではないからである。）、適宜、運用通知の内容を地方の実情に合うように修正した上で、各許可権者において、適正な審査基準を定めれば足りると考えられるからである。

ここで、許可権者が適正に定めた審査基準に従って転用許可申請を審査し、仮に不許可処分を下した場合、これについて申請者に不服があるのであれば、行政不服申立てを行い、あるいは処分の取消訴訟を提起すれば足りる。この場合、審査庁または裁判所は、必ずしも農林水産省（国）が定めた運用通知に囚われることなく、第三者的な立場から、法律による行政の原則を維持するため、正しい判断を下せば済む。

４－11　４条７項

法４条７項は、「第１項の許可は、条件を付けてすることができる」と定める。この点は、既に法３条５項の箇所で述べたとおりである（⇒３－14）。ここでいう条件とは、法４条１項の行政処分（許可処分）に付されるものであるから、正確には、行政行為の**附款**と呼ばれるものに相当し、その中で**負担**というものに分類される。（注）

（注） 許可条件

処理基準は、法４条７項の許可条件（正しくは「許可の附款」である。）として、原則として、次に掲げる条件を付するものとしている（処理基準第６・２(３))。①申請書に記載された事業計画に従って事業の用に供すること、②許可にかかる工事が完了するまでの間、本件許可の日から３か月後およびその後１年ごとに工事の進捗状況を報告し、許可にかかる工事が完了したときは、遅滞なくその旨を連絡すること、更に転用目的が一時的な利用の場合に、③申請書に記載された工事の完了の日までに農地に復元することの３つである。

４－12 ４条８項から11項まで

（１） 国または都道府県等（都道府県または指定市町村）が農地を転用しようとする場合、都道府県知事等（都道府県知事または指定市町村の長）との協議が成立することをもって許可があったものとみなされる（法４条８項）。

（２） 上記の協議を成立させようとするときは、あらかじめ農業委員会の意見を聴かなければならない（同条９項）。

（３） 法４条４項および５項の規定は、農業委員会が意見を述べようとする場合に準用する（同条10項）。

（４） 指定市町村の指定および取消しに関する必要事項は、本条１項に規定するもののほか政令で定める（同条11項）。

（農地又は採草放牧地の転用のための権利移動の制限）

第５条 農地を農地以外のものにするため又は採草放牧地を採草放牧地以外のもの（農地を除く。次項及び第４項において同じ。）にするため、これらの土地について第３条第１項本文に掲げる権利を設定し、又は移転する場合には、当事者が都道府県知事等の許可を受けなければならない。ただし、次の各号のいずれかに該当する場合は、この限りでない。

一　国又は都道府県等が、前条第1項第2号の農林水産省令で定める施設の用に供するため、これらの権利を取得する場合

二　農地又は採草放牧地を農地中間管理事業の推進に関する法律第18条第7項の規定による公告があつた農用地利用集積等促進計画に定める利用目的に供するため当該農用地利用集積等促進計画の定めるところによつて同条第1項の権利が設定され、又は移転される場合

三　農地又は採草放牧地を特定農山村地域における農林業等の活性化のための基盤整備の促進に関する法律第9条第1項の規定による公告があつた所有権移転等促進計画に定める利用目的に供するため当該所有権移転等促進計画の定めるところによつて同法第2条第3項第3号の権利が設定され、又は移転される場合

四　農地又は採草放牧地を農山漁村の活性化のための定住等及び地域間交流の促進に関する法律第9条第1項の規定による公告があつた所有権移転等促進計画に定める利用目的に供するため当該所有権移転等促進計画の定めるところによつて同法第5条第10項の権利が設定され、又は移転される場合

五　土地収用法その他の法律によつて農地若しくは採草放牧地又はこれらに関する権利が収用され、又は使用される場合

六　前条第1項第7号に規定する市街化区域内にある農地又は採草放牧地につき、政令で定めるところによりあらかじめ農業委員会に届け出て、農地及び採草放牧地以外のものにするためこれらの権利を取得する場合

七　その他農林水産省令で定める場合

2　前項の許可は、次の各号のいずれかに該当する場合には、することができない。ただし、第1号及び第2号に掲げる場合において、土地

収用法第26条第１項の規定による告示に係る事業の用に供するため第３条第１項本文に掲げる権利を取得しようとするとき、第１号イに掲げる農地又は採草放牧地につき農用地利用計画において指定された用途に供するためこれらの権利を取得しようとするときその他政令で定める相当の事由があるときは、この限りでない。

一　次に掲げる農地又は採草放牧地につき第３条第１項本文に掲げる権利を取得しようとする場合

イ　農用地区域内にある農地又は採草放牧地

ロ　イに掲げる農地又は採草放牧地以外の農地又は採草放牧地で、集団的に存在する農地又は採草放牧地その他の良好な営農条件を備えている農地又は採草放牧地として政令で定めるもの（市街化調整区域内にある政令で定める農地又は採草放牧地以外の農地又は採草放牧地にあつては、次に掲げる農地又は採草放牧地を除く。）

（１）　市街地の区域内又は市街地化の傾向が著しい区域内にある農地又は採草放牧地で政令で定めるもの

（２）　（１）の区域に近接する区域その他市街地化が見込まれる区域内にある農地又は採草放牧地で政令で定めるもの

二　前号イ及びロに掲げる農地（同号ロ（１）に掲げる農地を含む。）以外の農地を農地以外のものにするため第３条第１項本文に掲げる権利を取得しようとする場合又は同号イ及びロに掲げる採草放牧地（同号ロ（１）に掲げる採草放牧地を含む。）以外の採草放牧地を採草放牧地以外のものにするためこれらの権利を取得しようとする場合において、申請に係る農地又は採草放牧地に代えて周辺の他の土地を供することにより当該申請に係る事業の目的を達成することができると認められるとき。

三　第３条第１項本文に掲げる権利を取得しようとする者に申請に係る農地を農地以外のものにする行為又は申請に係る採草放牧地を採

草放牧地以外のものにする行為を行うために必要な資力及び信用があると認められないこと、申請に係る農地を農地以外のものにする行為又は申請に係る採草放牧地を採草放牧地以外のものにする行為の妨げとなる権利を有する者の同意を得ていないことその他農林水産省令で定める事由により、申請に係る農地又は採草放牧地の全てを住宅の用、事業の用に供する施設の用その他の当該申請に係る用途に供することが確実と認められない場合

四　申請に係る農地を農地以外のものにすること又は申請に係る採草放牧地を採草放牧地以外のものにすることにより、土砂の流出又は崩壊その他の災害を発生させるおそれがあると認められる場合、農業用用排水施設の有する機能に支障を及ぼすおそれがあると認められる場合その他の周辺の農地又は採草放牧地に係る営農条件に支障を生ずるおそれがあると認められる場合

五　申請に係る農地を農地以外のものにすること又は申請に係る採草放牧地を採草放牧地以外のものにすることにより、地域における効率的かつ安定的な農業経営を営む者に対する農地又は採草放牧地の利用の集積に支障を及ぼすおそれがあると認められる場合その他の地域における農地又は採草放牧地の農業上の効率的かつ総合的な利用の確保に支障を生ずるおそれがあると認められる場合として政令で定める場合

六　仮設工作物の設置その他の一時的な利用に供するため所有権を取得しようとする場合

七　仮設工作物の設置その他の一時的な利用に供するため、農地につき所有権以外の第３条第１項本文に掲げる権利を取得しようとする場合においてその利用に供された後にその土地が耕作の目的に供されることが確実と認められないとき、又は採草放牧地につきこれらの権利を取得しようとする場合においてその利用に供された後にその土地が耕作の目的若しくは主として耕作若しくは養畜の事業のための採草若しくは家畜の放牧の目的に供されることが確実と認められ

れないとき。

八　農地を採草放牧地にするため第３条第１項本文に掲げる権利を取得しようとする場合において、同条第２項の規定により同条第１項の許可をすることができない場合に該当すると認められるとき。

3　第３条第５項及び第６項並びに前条第２項から第５項までの規定は、第１項の場合に準用する。この場合において、同条第４項中「申請書が」とあるのは「申請書が、農地を農地以外のものにするため又は採草放牧地を採草放牧地以外のもの（農地を除く。）にするためこれらの土地について第３条第１項本文に掲げる権利を取得する行為であつて、」と、「農地を農地以外のものにする行為」とあるのは「農地又はその農地と併せて採草放牧地についてこれらの権利を取得するもの」と読み替えるものとする。

4　国又は都道府県等が、農地を農地以外のものにするため又は採草放牧地を採草放牧地以外のものにするため、これらの土地について第３条第１項本文に掲げる権利を取得しようとする場合（第１項各号のいずれかに該当する場合を除く。）においては、国又は都道府県等と都道府県知事等との協議が成立することをもつて第１項の許可があつたものとみなす。

5　前条第９項及び第10項の規定は、都道府県知事等が前項の協議を成立させようとする場合について準用する。この場合において、同条第10項中「準用する」とあるのは、「準用する。この場合において、第４項中「申請書が」とあるのは「申請書が、農地を農地以外のものにするため又は採草放牧地を採草放牧地以外のもの（農地を除く。）にするためこれらの土地について第３条第１項本文に掲げる権利を取得する行為であつて、」と、「農地を農地以外のものにする行為」とあるのは「農地又はその農地と併せて採草放牧地についてこれらの権利を取得するもの」と読み替えるものとする」と読み替えるものとする。

【注 釈】

５－１ ５条１項の内容

（1） 法５条１項は、前条に引き続き転用行為を規制する。ただし、法５条１項の場合、規制対象とされる土地に違いがある。５条転用の場合は、農地および採草放牧地の両方が許可の対象となる（ただし、採草放牧地については、農地への転用の場合を除く。つまり、規制の対象とされない。５条１項）。なお、採草放牧地の転用は、全国的に見ても事例が極めて少ないため、実務上は、特にこれを意識する必要はない。

ところで、法５条３項は、法４条２項の規定を同条１項の場合に準用し、これを受けて規則57条の４第１項は、申請書を提出する場合には、「当事者が**連署**するものとする。ただし、第10条第１項各号に掲げる場合は、この限りでない」と定める。

すなわち、法５条の許可を受けようとする場合、権利を譲渡しようとする者と譲り受けようとする者、あるいは権利を設定しようとする者と権利の設定を求める者が、連署して許可申請を行う必要がある。ただし、これには例外があって、既に法３条の箇所で述べたとおり、単独申請が認められる場合がある（⇒３－７(1)ウ）。

また、許可申請者が、申請書を農業委員会を経由して、都道府県知事等に提出しなければならない点も法４条の場合と同様である（法５条３項・４条２項）。

なお、申請書を送付すべき期間および標準処理期間については、法4条の場合と同じである（⇒4－7(1)）。

(2) このように、農地等について、法3条1項本文に掲げる権利を設定し、または移転する場合は、当事者は、都道府県知事等の許可を受けなければならない（⇒4－6(1)）。ここで、法3条1項本文に掲げる権利とは、所有権、地上権、永小作権、質権、使用貸借による権利、賃借権その他の使用および収益を目的とする権利を指す（⇒3－2(1)）。

(3) 法5条許可の場合、転用許可に伴って権利の設定または移転の効果が発生し（法5条3項・3条6項）、同時に、転用禁止が解除され、転用の自由が回復するという効果が発生する（⇒3－15(1)）。

つまり、法5条の許可とは、法3条の許可と法4条の許可が、1つの条文にまとめられたものということができる。これに対し、法4条の場合は、単に禁止が解除され、転用の自由が回復するという効果が発生するにとどまる。

例えば、農地の所有者Aと、当該農地を自ら転用目的で買い受けたBが存在する場合、A・B双方は、連署の上、都道府県知事等に対し、農業委員会を経由して、法5条1項の許可申請書を提出しなければならない。その後、許可を受けることによって、農地の所有権はAからBに移転し、所有者となったBは当該農地を適法に転用することができる（法5条3項・3条6項）。

5－2 5条1項ただし書

(1) 法5条1項ただし書は、「ただし、次の各号のいずれかに該当する場合は、この限りでない」と定める。これは、各号のいずれかに該当すれば、いわゆる**許可除外**の取扱いを受けられるということである。具体的に、例えば、次のようなものがある。

（２） 同ただし書の中で、法５条１項２号は、農地等を中間管理法18条７項の規定による公告があった農用地利用集積等促進計画に定める利用目的に供するため、当該計画の定めるところによって同条１項の権利が設定され、または移転される場合について規定する（⇒３－８（８））。

（３） 同じく、法５条１項６号は、**市街化区域内農地等**の転用について定める。同号は、市街化区域内にある農地等について、政令で定めるところにより、あらかじめ農業委員会に届け出て、農地等以外のものにするため、法３条１項本文に掲げる権利を取得する場合に関する規定である。

既に述べた法４条１項７号の場合と同様（⇒４－５（２）ア）、法５条１項６号の**届出**をしようとする者は、農業委員会に対し届出をする必要があるが、その場合、省令（規則）で定めるところにより、所定の事項を記載した**届出書**を提出する（令10条１項）。

上記届出書の提出を受けた農業委員会は、当該届出を受理したときはその旨を、受理しなかったときはその旨およびその理由を、遅滞なく、当該届出者に対し、書面で通知しなければならない（令10条２項）。この届出も、農業委員会において諾否の応答義務があるとされていることから、申請の性質を持つと解される（⇒４－５（２）イ）。

（４） さらに、法５条１項７号は、「その他農林水産省令で定める場合」について定める。この点の詳細については、省令であるところの規則53条１号から19号までに規定がある。なお、やや細かいことに属するが、自己転用の場合は、法４条１項８号および規則29条１号によって、２アール未満の農地について農業用施設に供するため転用する場合は許可除外とされていたが（⇒４－５（３））、法５条の場合は、許可除外とされていないことに注意する必要がある。

５－３　５条２項本文

（１）　法５条２項は、「前項の許可は、次の各号のいずれかに該当する場合には、することができない」と定める。ここには、法４条の場合と同じく、**立地基準**と**一般基準**が並列されている（⇒４－９(１))。

法５条１項許可の要件（２項）
- 立地基準（１号・２号）
- 一般基準（３号～８号）

（２）　法５条２項には、同項１号から８号までに不許可要件が列挙されている。ただし、これには例外があり、同項ただし書に該当すれば、許可をすることができる(ただし、必ず許可をするという意味ではない。)。どのような場合が、例外的許可の場合に当たるかといえば、以下のとおりとなる（⇒４－９(２))。

①　同項１号・２号に掲げる場合において、土地収用法26条１項の規定による告示があった事業の用に供するため、法３条１項本文に掲げる権利を取得しようとするときである。

②　同項１号イに掲げる農地等につき、**農用地利用計画**において指定された用途に供するため、これらの権利を取得しようとするときである。

③　その他政令で定める相当の事由があるときである（令11条参照)。

５－４　５条２項各号

法５条２項の許可要件（基準）は、以下に掲げるようなものである。原則として、農地等について法３条１項本文に掲げられた権利を取得しようとする者（以下「**権利取得者**」という。）が、下記のいずれかの事由に該当すれば、許可をすることができない。これらは、基本的に法4条の許可基準と同じ内容である。

	号	許　可　要　件
立地基準	1	イ　**農用地区域内にある農地等**　➡許可できない ロ　集団的に存在する農地等その他の良好な営農条件を備えている農地等として政令（令12条）で定めるもの（**第1種農地等**）　➡許可できない 　第1種農地等の要件を満たす農地等のうち、市街化調整区域内にある政令（令13条）で定めるもの（**甲種農地等**）　➡許可できない 　甲種農地等の要件を満たす農地等を除いた第1種農地等から、次のものが除外される（その結果、下記の農地等は転用許可が可能となる。）。 （1）　市街地の区域内または市街地化の傾向が著しい区域内にある農地等で政令（令14条）で定めるもの（**第3種農地等**）　➡許可できる （2）　上記（1）の区域に近接する区域その他市街地化が見込まれる区域内にある農地等で政令（令15条）で定めるもの（**第2種農地等**）　➡一定の要件を満たせば許可できる
	2	前号イおよびロに掲げる農地等（ロ（1）に掲げる農地等を含む。）以外の農地等を転用しようとする場合において、申請にかかる農地等に代えて周辺の他の土地を供することにより申請にかかる事業目的を達成することができると認められるとき（達成できると認められないときは、当該農地等は転用許可が可能となる。） ➡一定の要件を満たせば許可できる

一般基準	3	権利取得者に農地等の転用行為を行うために必要な資力・信用があると認められないこと。申請にかかる農地等を転用する行為の妨げとなる権利を有する者の同意を得ていないことその他省令（規57条）で定める事由により転用事業を行うことが確実と認められない場合
	4	申請にかかる農地等を転用することにより、土砂の流出その他の災害を発生させるおそれがあると認められる場合、農業用用排水施設の有する機能に支障を及ぼすおそれがあると認められることその他の周辺の農地等にかかる営農条件に支障を生ずるおそれがあると認められる場合
	5	申請にかかる農地等を転用することにより、地域における効率的かつ安定的な農業経営を営む者に対する農地等の利用の集積に支障を及ぼすおそれがあると認められる場合その他の地域の農地等の農業上の効率的かつ総合的な利用の確保に支障を生ずるおそれがあると認められる場合として政令（令15条の２）で定める場合
	6	仮設工作物の設置その他の一時的な利用に供するため所有権を取得しようとする場合（注）
	7	仮設工作物の設置その他の一時的な利用に供するため、農地について所有権以外の法３条１項本文に掲げられた権利を取得しようとする場合において、その利用に供された後に、その土地が耕作の目的に供されることが確実と認められない場合その他の場合
	8	農地を採草放牧地にするため法３条１項に掲げる権利を取得しようとする場合において、同条２項の不許可事由に該当する場合

（注） 一時的な利用を目的とする所有権移転の禁止

単に一時的な目的で農地を転用しようとする場合、後日、当該土地を農地に戻すという原状回復義務が発生する。そうであれば、所有権の移転まで認める必要はなく、当面の土地利用を可能とする賃借権等の権利設定で十分と考えられるという趣旨である。

5－5　5条3項から5項まで

（1） 法3条5項・6項および法4条2項から5項までの規定は、法5条1項の場合に準用される（法5条3項）。なお、この場合、一部に読替えの必要が発生する。

（2） 国または都道府県等が農地等を転用しようとするため、これらの土地について法3条1項本文に掲げる権利を取得しようとする場合（法5条1項各号のいずれかに該当する場合を除く。）、国または都道府県等と都道府県知事等との協議が成立することをもって許可があったものとみなされる（法5条4項）。

（3） 法4条9項・10項の規定は、上記協議を成立させようとする場合に準用される（法5条5項）。なお、この場合、一部に読替えの必要が発生する。

（農地所有適格法人の報告等）

第6条　農地所有適格法人であつて、農地若しくは採草放牧地（その法人が第3条第1項本文に掲げる権利を取得した時に農地及び採草放牧地以外の土地であつたものその他政令で定めるものを除く。以下この項において同じ。）を所有し、又はその法人以外の者が所有する農地若しくは採草放牧地（同条第3項の規定の適用を受けて同条第1項の許可を受けてその法人に設定された使用貸借による権利又は賃借権に係るものを除く。）をその法人の耕作若しくは養畜の事業に供しているものは、農林水産省令で定めるところにより、毎年、事業の状況その他農林水産省令で定める事項を農業委員会に報告しなければならない。農地所有適格法人が農地所有適格法人でなくなつた場合（農地所有適格法人が合併によつて解散し、又は分割をした場合において、当該合併によつて設立し、若しくは当該合併後存続する法人又は当該分割によつて当該農地若しくは採草放牧地について同項本文に掲げる権利を承継した法人が農地所有適格法人でない場合を含む。第７条第１項において同じ。）におけるその法人及びその一般承継人についても、同様とする。

２　農業委員会は、前項前段の規定による報告に基づき、農地所有適格法人が第２条第３項各号に掲げる要件を満たさなくなるおそれがあると認めるときは、その法人に対し、必要な措置を講ずべきことを勧告することができる。

３　農業委員会は、前項の規定による勧告をした場合において、その勧告を受けた法人からその所有する農地又は採草放牧地について所有権の譲渡しをする旨の申出があつたときは、これらの土地の所有権の譲渡しについてのあつせんに努めなければならない。

（農地所有適格法人以外の者の報告等）

第６条の２　第３条第３項の規定により同条第１項の許可を受けて使用貸借による権利又は賃借権の設定を受けた者及び農地中間管理事業の推進に関する法律第18条第７項の規定による公告があつた農用地利用集積等促進計画の定めるところにより賃借権又は使用貸借による権利の設定又は移転を受けた同条第５項第３号に規定する者は、農林水産省令で定めるところにより、毎年、事業の状況その他農林水産省令で定める事項を農業委員会に報告しなければならない。

２　農業委員会は、農地中間管理事業の推進に関する法律第18条第７項の規定による公告があつた農用地利用集積等促進計画の定めるところにより賃借権又は使用貸借による権利の設定又は移転を受けた同条第

５項第３号に規定する者が同号に掲げる要件に該当しない場合その他の農林水産省令で定める場合に該当すると認めるときは、その旨を農地中間管理機構に通知するものとする。

（農地所有適格法人が農地所有適格法人でなくなつた場合における買収）

第７条　農地所有適格法人が農地所有適格法人でなくなつた場合において、その法人若しくはその一般承継人が所有する農地若しくは採草放牧地があるとき、又はその法人及びその一般承継人以外の者が所有する農地若しくは採草放牧地でその法人若しくはその一般承継人の耕作若しくは養畜の事業に供されているものがあるときは、国がこれを買収する。ただし、これらの土地で、その法人が第３条第１項本文に掲げる権利を取得した時に農地及び採草放牧地以外の土地であつたものその他政令で定めるもの並びに同条第３項の規定の適用を受けて同条第１項の許可を受けてその法人に設定された使用貸借による権利又は賃借権に係るものについては、この限りでない。

２　農業委員会は、前項の規定による買収をすべき農地又は採草放牧地があると認めたときは、次に掲げる事項を公示し、かつ、公示の日の翌日から起算して１月間、その事務所で、これらの事項を記載した書類を縦覧に供しなければならない。

一　その農地又は採草放牧地の所有者の氏名又は名称及び住所

二　その農地又は採草放牧地の所在、地番、地目及び面積

三　その他必要な事項

３　農業委員会は、前項の規定による公示をしたときは、遅滞なく、その土地の所有者に同項各号に掲げる事項を通知しなければならない。ただし、相当な努力が払われたと認められるものとして政令で定める方法により探索を行つてもなおその者を確知することができないときは、この限りでない。

４　農業委員会は、第１項の規定による買収をすべき農地又は採草放牧

地が第６条第２項の規定による勧告に係るものであるときは、当該勧告の日（同条第３項の申出があつたときは、当該申出の日）の翌日から起算して３月間（当該期間内に第３条第１項又は第18条第１項の規定による許可の申請があり、その期間経過後までこれに対する処分がないときは、その処分があるまでの間）、第２項の規定による公示をしないものとする。

5　農業委員会は、第１項の規定による買収をすべき農地又は採草放牧地につき第２項の規定により公示をした場合において、その公示の日の翌日から起算して３月以内に農林水産省令で定めるところにより当該法人から第２条第３項各号に掲げる要件のすべてを満たすに至つた旨の届出があり、かつ、審査の結果その届出が真実であると認められるときは、遅滞なく、その公示を取り消さなければならない。

6　農業委員会は、前項の規定による届出があり、審査の結果その届出が真実であると認められないときは、遅滞なく、その旨を公示しなければならない。

7　第５項の規定により公示が取り消されたときは、その公示に係る農地又は採草放牧地については、国は、第１項の規定による買収をしない。

8　第２項の規定により公示された農地若しくは採草放牧地の所有者又はこれらの土地について所有権以外の権原に基づく使用及び収益をさせている者が、その公示に係る農地又は採草放牧地につき、第５項に規定する期間の満了の日（その日までに同項の規定による届出があり、これにつき第６項の規定による公示があつた場合のその公示に係る農地又は採草放牧地については、その公示の日）の翌日から起算して３月以内に、農林水産省令で定めるところにより、所有権の譲渡しをし、地上権若しくは永小作権の消滅をさせ、使用貸借の解除をし、若しくは合意による解約をし、賃貸借の解除をし、解約の申入れをし、合意による解約をし、若しくは賃貸借の更新をしない旨の通知をし、又はその他の使用及び収益を目的とする権利を消滅させたときは、当該農地又は採草放牧地については、第１項の規定による買収をしない。当該期間内に第３条第１項又は第18条第１項の規定による許可の申請があり、その期間経過後までこれに対する処分がないときも、その処分があるまでは、同様とする。

9　農業委員会は、第１項の法人又はその一般承継人からその所有する農地又は採草放牧地について所有権の譲渡しをする旨の申出があつた場合は、前項の期間が経過するまでの間、これらの土地の所有権の譲渡しについてのあつせんに努めなければならない。

（農業委員会の関係書類の送付）

第８条　農業委員会は、前条第１項の規定により国が農地又は採草放牧地を買収すべき場合には、遅滞なく、次に掲げる事項を記載した書類を農林水産大臣に送付しなければならない。

一　その農地又は採草放牧地の所有者の氏名又は名称及び住所

二　その農地又は採草放牧地の所在、地番、地目及び面積

三　その農地若しくは採草放牧地の上に先取特権、質権若しくは抵当権がある場合又はその農地若しくは採草放牧地につき所有権に関する仮登記上の権利若しくは仮処分の執行に係る権利がある場合には、これらの権利の種類並びにこれらの権利を有する者の氏名又は名称及び住所

2　農業委員会は、前項の書類を送付する場合において、買収すべき農地若しくは採草放牧地の上に先取特権、質権若しくは抵当権があるとき又はその農地若しくは採草放牧地につき所有権に関する仮登記上の権利若しくは仮処分の執行に係る権利があるときは、これらの権利を有する者に対し、農林水産省令で定めるところにより、対価の供託の要否を20日以内に農林水産大臣に申し出るべき旨を通知しなければならない。

（買収令書の交付及び縦覧）

第９条　農林水産大臣は、前条第１項の規定により送付された書類に記載されたところに従い、遅滞なく（同条第２項の規定による通知をした場合には、同項の期間経過後遅滞なく）、次に掲げる事項を記載した買収令書を作成し、これをその農地又は採草放牧地の所有者に、その謄本をその農業委員会に交付しなければならない。

一　前条第１項各号に掲げる事項

二　買収の期日

三　対価

四　対価の支払の方法（次条第２項の規定により対価を供託する場合には、その旨）

五　その他必要な事項

２　農林水産大臣は、前項の規定による買収令書の交付をすることができない場合には、その内容を公示して交付に代えることができる。

３　農業委員会は、買収令書の謄本の交付を受けたときは、遅滞なく、その旨を公示するとともに、その公示の日の翌日から起算して20日間、その事務所でこれを縦覧に供しなければならない。

（対価）

第10条　前条第１項第３号の対価は、政令で定めるところにより算出した額とする。

２　買収すべき農地若しくは採草放牧地の上に先取特権、質権若しくは抵当権がある場合又はその農地若しくは採草放牧地につき所有権に関する仮登記上の権利若しくは仮処分の執行に係る権利がある場合には、これらの権利を有する者から第８条第２項の期間内に、その対価を供託しないでもよい旨の申出があつたときを除いて、国は、その対価を供託しなければならない。

３　国は、前項に規定する場合のほか、次に掲げる場合にも対価を供託することができる。

一　対価の支払の提供をした場合において、対価の支払を受けるべき者がその受領を拒んだとき。
二　対価の支払を受けるべき者が対価を受領することができない場合
三　相当な努力が払われたと認められるものとして政令で定める方法により探索を行つてもなお対価の支払を受けるべき者を確知することができない場合
四　差押え又は仮差押えにより対価の支払の禁止を受けた場合
4　前２項の規定による対価の供託は、買収すべき農地又は採草放牧地の所在地の供託所にするものとする。

（効果）
第11条　国が買収令書に記載された買収の期日までにその買収令書に記載された対価の支払又は供託をしたときは、その期日に、その農地又は採草放牧地の上にある先取特権、質権及び抵当権並びにその農地又は採草放牧地についての所有権に関する仮登記上の権利は消滅し、その農地又は採草放牧地についての所有権に関する仮処分の執行はその効力を失い、その農地又は採草放牧地の所有権は国が取得する。
2　前項の規定により消滅する先取特権、質権又は抵当権を有する者は、前条第２項又は第３項の規定により供託された対価に対してその権利を行うことができる。
3　国が買収令書に記載された買収の期日までにその買収令書に記載された対価の支払又は供託をしないときは、その買収令書は、効力を失う。
4　第１項及び前項の規定の適用については、国が、会計法（昭和22年法律第35号）第21条第１項の規定により、対価の支払に必要な資金を日本銀行に交付して送金の手続をさせ、その旨をその農地又は採草放牧地の所有者に通知したときは、その通知が到達した時を国が対価の支払をした時とみなす。

（附帯施設の買収）

第12条　第７条第１項の規定による買収をする場合において、農業委員会がその買収される農地又は採草放牧地の農業上の利用のため特に必要があると認めるときは、国は、その買収される農地又は採草放牧地の所有者の有する土地（農地及び採草放牧地を除く。）、立木、建物その他の工作物又は水の使用に関する権利（以下「附帯施設」という。）を併せて買収することができる。

2　第８条から前条までの規定は、前項の規定による買収をする場合に準用する。この場合において、第８条第１項第２号中「その農地又は採草放牧地の所在、地番、地目及び面積」とあるのは、「土地についてはその所在、地番、地目及び面積、立木についてはその樹種、数量及び所在の場所、工作物についてはその種類及び所在の場所、水の使用に関する権利についてはその内容」と読み替えるものとする。

（登記の特例）

第13条　国が第７条第１項又は前条第１項の規定により買収をする場合の土地又は建物の登記については、政令で、不動産登記法（平成16年法律第123号）の特例を定めることができる。

（立入調査）

第14条　農業委員会は、農業委員会等に関する法律第35条第１項の規定による立入調査のほか、第７条第１項の規定による買収をするため必要があるときは、委員、推進委員（同法第17条第１項に規定する推進委員をいう。次項において同じ。）又は職員に法人の事務所その他の事業場に立ち入らせて必要な調査をさせることができる。

2　前項の規定により立入調査をする委員、推進委員又は職員は、その身分を示す証明書を携帯し、関係者にこれを提示しなければならない。

3　第１項の規定による立入調査の権限は、犯罪捜査のために認められたものと解してはならない。

【注 釈】

14 立入調査

（1） 本条は、行政調査について定める。一般に、**行政調査**とは、行政機関が行政上の目的で行う調査を指す。本条は、農業委員会について、農委法35条１項の規定に基づく立入調査のほか、法７条１項の規定による農地等の買収をするため必要があるとき、委員、推進委員または農業委員会の職員に、法人の事務所その他の事業所に立ち入らせて必要な調査を行うことができると定める。

（2） この立入調査は、条文上、相手方に調査に応じる義務が明記されておらず、純粋な**任意調査**にすぎない。つまり、あくまで相手方の理解ないし協力を得て行うことができるにすぎない。

相手方が、事務所等に立ち入ることを拒否した場合、農業委員会の委員等は、その抵抗を排除してそこへ立ち入ることは許されない。仮にその抵抗を物理的に排除して立ち入った場合、農業委員会の委員等について、**建造物侵入罪**（刑130条）、**威力業務妨害罪**（刑234条）などの犯罪が成立する可能性がある。（注）

（注） 国家賠償法１条の責任

農業委員会に認められている立入調査権は、あくまで任意の手段であり、これを相手方に強制する効力を持たない。仮に限界を超えてこれを強制した場合、農業委員会の側に**国家賠償法１条の責任**が発生する。そもそも憲法17条は、「何人も、公務員の不法行為により、損害を受けたときは、法律の定めるところにより、国又は公共団体に、その賠償を求めることができる」と定める。これを受けて、国家賠償法１条は、「国又は公共団体の公権力の行使に当たる公務員が、その職務を行うについて、故意又は過失によって違法に他人に損害を加えたときは、国又は公共団体が、これを賠償する責に任ずる」と定める。

上記の事例の場合、第１に、農業委員会の委員（農業委員）、推進委員および職員は、いずれもここでいう**公務員**に該当する（⇒3－1（1）（注））。第2に、**公権力の行使**という概念については、権力的行政活動のほか非権力的行政活動もこれに含まれる（通説）。例えば、農業委員会の行う法3条の処分、法3条の2の勧告、転用届出の受理または不受理、農業委員会の職員が特定の相手方に対して行う行政指導、立入調査等が広く含まれる。第3に、**職務を行うについて**という要件については、外形上、職務行為と認められれば足りるとされている（最判昭31・11・30民集10・11・1502）。第4に、**故意または過失によって違法に**、という要件については、学説上種々の考え方があるが、判例は、「公務員が個別の国民に対して負担する職務上の法的義務に違背して当該国民に損害を加えたときに」国または公共団体が賠償責任を負うことを定めたものであると解している（最判昭60・11・21民集39・7・1512）。この考え方は、職務義務違反説または**職務行為基準説**と呼ばれる。本事例では、法14条の定める立入調査について、農業委員会の委員等が条文解釈を誤ったことが原因となって、相手方の事務所等に対する違法な立入りの結果を招いた。当該行為は、公務員が職務上通常尽くすべき注意義務を尽くしていなかったために生じたものであり、違法となる。第5に、**損害**という概念であるが、財産的損害の他に精神的損害（慰謝料）も含まれる。なお、処分の違法を理由とした国家賠償請求については、必ずしも別途当該処分の取消訴訟を提起する必要はないと解される（通説）。第6に、損害賠償責任を負うのは、上記の例の場合、農業委員会を設置した地方公共団体（市町村）である。当該責任の性質は、違法行為をした個々の公務員が本来負うべき責任を、国または公共団体が代位したものと解するのが判例・通説であり（**代位責任説**）、その結果、違法行為を行った公務員個人は、相手方被害者に対し、直接責任を負うことはない（個人責任の否定）。

（3） 本条3項は、この立入調査権限は、「犯罪捜査のために認められたものと解してはならない」と規定する。これは、文字どおり、農業委員会が、犯罪調査目的で立入調査を行うことができないという意味である。敷衍すれば、当該立入調査によって入手できた資料を刑事裁判において証拠として用いることを禁止するものである。

やや細かい問題であるが、農業委員会が、専ら行政上の目的で立入調査を行った結果、図らずも犯罪を立証するに足りる証拠を得た場合、果たして、農業委員会に**告発義務**が生じるかという問題がある（刑訴239条２項）。なぜこのような問題が生じるのかといえば、一方で、公務員には**守秘義務**があるためである（地公34条、農委14条・24条）。ここで、両者のうち、いずれの義務を優先するかという点が問われるが、この点については、犯罪事実は守秘義務の対象から除外されると考えることも可能であるし、また、犯罪抑止の見地からも、告発義務が優先すると解する。

（承継人に対する効力）

第15条　第８条第２項（第12条第２項において準用する場合を含む。）の規定による通知及び第９条（第12条第２項において準用する場合を含む。）の規定による買収令書の交付は、その通知又は交付を受けた者の承継人に対してもその効力を有する。

第３章　利用関係の調整等

（農地又は採草放牧地の賃貸借の対抗力）
第16条　農地又は採草放牧地の賃貸借は、その登記がなくても、農地又は採草放牧地の引渡があつたときは、これをもつてその後その農地又は採草放牧地について物権を取得した第三者に対抗することができる。

【注 釈】

16－1　不動産の賃貸借

（1）　本条は、賃借人が法３条の許可を受けるなど、法による適正な手続を経て農地等の賃貸借契約を締結し、かつ、当該農地等の引渡しを受けている場合に、当該賃借権には（第三者に対する）**対抗力**があると定める。

例えば、賃貸人A、賃借人Bの当事者間で、農地の賃貸借契約が有効に締結された場合、契約上の効果として、AはBに対し賃料を請求することができる。一方、BはAに対し、A所有農地をBが使用・収益することを認めさせることができる。

ところが、上記の法律関係に第三者が関与した場合は、Bの立場は不安定なものとなり得る。通常の賃貸借契約の場合、物の所有者（賃貸人）Aが第三者Cに対し、賃貸借の目的物の所有権を譲渡すると、BはCに対し、自分の賃借権を対抗することができない（つまり、権利を主張することができない。Cから物の引渡しを請求された場合、原則として、Bはこれに応じる義務がある。）。

（2） ただし、民法605条は、「不動産の賃貸借は、これを登記したときは、その不動産について物権を取得した者その他の第三者に対抗することができる」と定める。**賃借権の登記**をすれば、賃借権について対抗力が発生する。

しかし、判例上、契約当事者間において賃借権設定登記をする約束があるような場合を除き、賃借人の賃貸人に対する登記請求権は否定されている。そのため、現実には、民法605条があるにもかかわらず、賃借権の登記はほとんどされず、その結果、「売買は賃貸借を破る」という事態を生む。

16－2 引渡しの対抗力

（1） 本条は、たとえ農地等について賃借権の登記がなくても、賃借人が、賃借中の農地等の**引渡し**を受けていれば、当該賃借権に対抗力があることを認め、賃借人（耕作者）の地位を保護した（なお、借地借家法10条は、借地上に自分の建物を所有する借地権者を保護するため、借地権の設定登記がなくても、借地上に、借地権者が登記済みの建物を所有するときは、これをもって第三者に対抗することができるとしている。同じく、同法31条には法16条と同様の規定が置かれており、建物の賃貸借について賃借権設定登記がなくても、建物の引渡しがあったときは、その後その建物について物権を取得した者に対し、賃借権を対抗することができるとしている。）。

ここでいう「引渡し」であるが、賃貸借契約にかかる農地等の占有を賃借人に移転すること、つまり、事実上の支配を賃借人に移すことを指す。このように、引渡しとは、賃借人に対する物の現実の占有移転（**現実の引渡し**）が原則となる。

ところで、民法上、動産に関する物権変動の対抗要件具備の方法として、民法上、意思表示のみで占有の移転を行うものがある。すなわち、簡易の引渡し（民182条２項）、占有改定（民183条）および指図による占有移転（民184条）である。これら３つのもの全てについて、法16条の引渡しの概念に含める見解があるが、やや疑問がある。（注１）（注２）

（注１）　引渡しの概念に含まれるもの

農地等は不動産である。上記のとおり、法16条が農地等の引渡しに対抗力を認めたのは、耕作者である賃借人の地位を保護するためである。本来、賃借人は、一般社会の取引の安全を保持する観点からは、賃借権の登記をしなければならない。登記をすれば、賃借人が現実に不動産を使用しているか否かにかかわらず、対象となっている土地に賃借権が付いていることが誰にも分かる（**公示の原則**）。しかし、上記のとおり、農地の賃借権については、現実に登記することが困難であるため、やむなくその代替手段として、引渡しをもって、登記と同様の法的効果を認めた。したがって、この場合、公示の原則から、農地等に現に耕作者が存在していることを外部の者が認識できることが必要と考える。そうすると、ここでいう「引渡し」とは、賃借人が農地等を**直接占有**する状況にある**現実の引渡し**または**簡易の引渡し**に限定されるということになる。なお、占有改定または指図による占有移転による「引渡し」についても含める立場があるが、しかし、適切な実例を想定することは困難である。

（注２）　対抗力の消滅

農地の所有者であるAから、Bが耕作目的で当該農地を賃借し、法３条の許可を受けて、AからBへ農地が現実に引き渡されたとする（現実の引渡し）。この場合、Bは、当該農地に対する賃借権に関し対抗力を備えたことは疑いない。その後、長期間が経過し、Bが死亡し、現に耕作する者が不在のため、当該農地が耕作放棄地の状態に陥っている場合であっても、賃借権は、１つの財産権として、死亡したBの相続人に相続される。この場合、対抗力は依然として存続しているか。この論点は、これまで余り議論されたことがない。私見は、以下のとおりである。ある時点で引渡しの事実が発生し、それを原因として対抗力が生じたとしても、それが無期限に永続するとは考え難い。上記のとおり、本条の趣旨から考える限り、耕作者が保護される根拠は、原則として、賃借人自らが耕作の事業に従事しているという事実である（なお、適法に転貸された農地が転借人によって耕作されている場合も対抗力はあると解される。）。賃借権を有する者が観念的に存在していても、現に耕作に従事している事実が全く認められない賃借農地は、賃借人による農地の事実上の支配が存在しないため、その時点で対抗力が消滅するものと解する（ただし、それ以降、賃借人の耕作が再開されれば、対抗力は再び生じると解する。）。

（２） 賃借権が設定してある農地の所有権が第三者に譲渡された場合に生じる賃貸人、賃借人および第三者の相互の法律関係については既に述べた（⇒３－３（２）ウ）。

（農地又は採草放牧地の賃貸借の更新）

第17条 農地又は採草放牧地の賃貸借について期間の定めがある場合において、その当事者が、その期間の満了の１年前から６月前まで（賃貸人又はその世帯員等の死亡又は第２条第２項に掲げる事由によりその土地について耕作、採草又は家畜の放牧をすることができないため、一時賃貸をしたことが明らかな場合は、その期間の満了の６月前から１月前まで）の間に、相手方に対して更新をしない旨の通知をしないときは、従前の賃貸借と同一の条件で更に賃貸借をしたものとみなす。ただし、水田裏作を目的とする賃貸借でその期間が１年未満であるもの、第37条から第40条までの規定によつて設定された農地中間管理権に係る賃貸借及び農地中間管理事業の推進に関する法律第18条第７項の規定による公告があつた農用地利用集積等促進計画の定めるところによつて設定され、又は移転された賃借権に係る賃貸借については、この限りでない。

【注 釈】

17－1　賃貸借の法定更新

本条は、農地等の賃貸借について、期間の定めがある場合において、当事者が、期間満了の１年前から６か月前までの間に、相手方に対し、更新をしない旨の通知（**更新拒絶の通知**）をしないときは、従前の賃貸借と同一の条件で、更に賃貸借をしたものとみなすことを定める。これは**法定更新**についての規定である。その趣旨は、賃借人の保護にある。

本来、賃貸借はその期間を定めて契約した場合（期間の定めのある賃貸借）、契約期間つまり賃貸借の終期が到来すれば、その時点で当然に終了することになるはずである（民622条・597条１項。⇒３－３（２）エ）。しかし、賃借人の地位を保護するため、法17条は法定更新の原則を定めた。

法定更新の適用が認められる事実が発生すると、当事者の意思を離れて、契約の更新という効果が法律上発生する。法文上「従前の賃貸借と同一の条件で」とあるが、農地等の賃貸借が法定更新された場合、既に述べたとおり、判例上、更新後の期間は、定めのないものとされる（**期間の定めのない賃貸借**）。

ただし、上記のとおり、期間満了の１年前から６か月前まで（法17条本文かっこ書によって、例外的に「６か月前から１か月前まで」に短縮される場合がある。）に、適法に更新拒絶の通知を相手方に対して行った場合は別であり、その場合は法定更新の適用はない。ただし、ここで重要な点は、適法に通知をする必要があるとされる点であり、事前に法18条1項の都道府県知事（指定都市の区域内に対象となる農地等がある場合は**指定都市の長**。法59条の2）の許可を受けておく必要がある（⇒18－1）。

17－2　法定更新の適用除外

農地等の賃貸借であっても、法定更新の適用が認められない場合がある（適用除外）。法17条ただし書によれば、以下のようなものがこれに当たる。

①　**水田裏作**を目的とする賃貸借で、その期間が1年未満のものである。

②　法37条から法40条までの規定によって設定された農地中間管理権にかかる賃貸借である。これは、法36条の規定に基づき農業委員会が、農地の所有者に対し、農地中間管理権の取得に関し農地中間管理機構と協議をするよう勧告をしたが、農地の所有者と農地中間管理機構との協議が調わない（または協議できない）場合に、農地中間管理機構は、都道府県知事に対し、当該農地について農地中間管理権（賃借権に限る。）の設定に関し、**裁定**を申請することができる（法37条）。都道府県知事が、当該農地について農地中間管理権を設定する旨の裁定をした場合（法39条）、これを**公告**する（法40条1項）。公告の法的効果として、裁定の定めるところにより、農地中間管理機構と当該裁定にかかる農地の所有者との間で、農地中間管理権の設定に関する契約が締結されたものとみなされる（同条2項）。この場合、法40条3項によって、民法272条ただし書および同612条の規定は適用されない（⇒3－2(4)、3－3(2)ウ）。

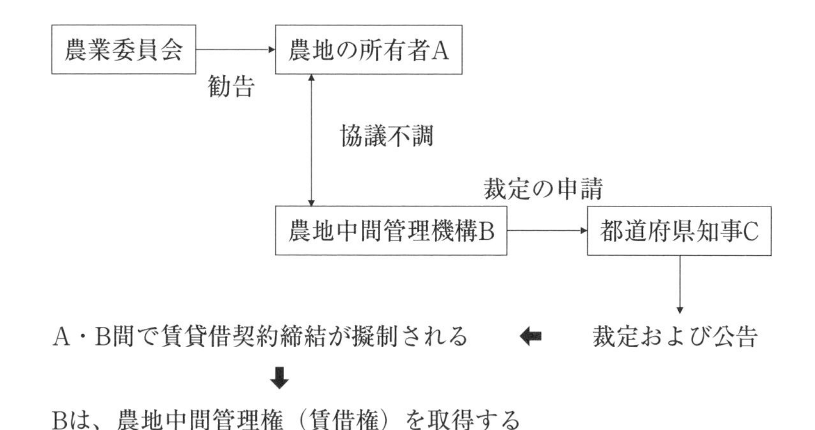

③　中間管理法18条７項の規定による公告があった農用地利用集積等促進計画の定めるところによって設定され、または移転された賃借権にかかる賃貸借である（⇒３－８（８）（注））。

（農地又は採草放牧地の賃貸借の解約等の制限）

第18条　農地又は採草放牧地の賃貸借の当事者は、政令で定めるところにより都道府県知事の許可を受けなければ、賃貸借の解除をし、解約の申入れをし、合意による解約をし、又は賃貸借の更新をしない旨の通知をしてはならない。ただし、次の各号のいずれかに該当する場合は、この限りでない。

一　解約の申入れ、合意による解約又は賃貸借の更新をしない旨の通知が、信託事業に係る信託財産につき行われる場合（その賃貸借がその信託財産に係る信託の引受け前から既に存していたものである場合及び解約の申入れ又は合意による解約にあつてはこれらの行為によつて賃貸借の終了する日、賃貸借の更新をしない旨の通知にあつてはその賃貸借の期間の満了する日がその信託に係る信託行為によりその信託が終了することとなる日前１年以内にない場合を除く。）

二　合意による解約が、その解約によつて農地若しくは採草放牧地を引き渡すこととなる期限前６月以内に成立した合意でその旨が書面において明らかであるものに基づいて行われる場合又は民事調停法による農事調停によつて行われる場合

三　賃貸借の更新をしない旨の通知が、10年以上の期間の定めがある賃貸借（解約をする権利を留保しているもの及び期間の満了前にその期間を変更したものでその変更をした時以後の期間が10年未満であるものを除く。）又は水田裏作を目的とする賃貸借につき行われる場合

四　第３条第３項の規定の適用を受けて同条第１項の許可を受けて設定された賃借権に係る賃貸借の解除が、賃借人がその農地又は採草放牧地を適正に利用していないと認められる場合において、農林水産省令で定めるところによりあらかじめ農業委員会に届け出て行われる場合

五　農地中間管理機構が農地中間管理事業の推進に関する法律第２条第３項第１号に掲げる業務の実施により借り受け、又は同項第２号に掲げる業務若しくは農業経営基盤強化促進法第７条第１号に掲げる事業の実施により貸し付けた農地又は採草放牧地に係る賃貸借の解除が、農地中間管理事業の推進に関する法律第20条又は第21条第２項の規定により都道府県知事の承認を受けて行われる場合

2　前項の許可は、次に掲げる場合でなければ、してはならない。

一　賃借人が信義に反した行為をした場合

二　その農地又は採草放牧地を農地又は採草放牧地以外のものにすることを相当とする場合

三　賃借人の生計（法人にあつては、経営）、賃貸人の経営能力等を考慮し、賃貸人がその農地又は採草放牧地を耕作又は養畜の事業に供することを相当とする場合

四　その農地について賃借人が第36条第１項の規定による勧告を受けた場合

五　賃借人である農地所有適格法人が農地所有適格法人でなくなつた場合並びに賃借人である農地所有適格法人の構成員となつている賃貸人がその法人の構成員でなくなり、その賃貸人又はその世帯員等がその許可を受けた後において耕作又は養畜の事業に供すべき農地及び採草放牧地の全てを効率的に利用して耕作又は養畜の事業を行うことができると認められ、かつ、その事業に必要な農作業に常時従事すると認められる場合

六　その他正当の事由がある場合

3　都道府県知事は、第１項の規定により許可をしようとするときは、あらかじめ、都道府県機構の意見を聴かなければならない。ただし、農業委員会等に関する法律第42条第１項の規定による都道府県知事の指定がされていない場合は、この限りでない。

4　第１項の許可は、条件をつけてすることができる。

5　第１項の許可を受けないでした行為は、その効力を生じない。

6　農地又は採草放牧地の賃貸借につき解約の申入れ、合意による解約又は賃貸借の更新をしない旨の通知が第１項ただし書の規定により同項の許可を要しないで行なわれた場合には、これらの行為をした者は、農林水産省令で定めるところにより、農業委員会にその旨を通知しなければならない。

7　前条又は民法第617条（期間の定めのない賃貸借の解約の申入れ）若しくは第618条（期間の定めのある賃貸借の解約をする権利の留保）の規定と異なる賃貸借の条件でこれらの規定による場合に比して賃借人に不利なものは、定めないものとみなす。

8　農地又は採草放牧地の賃貸借に付けた解除条件（第３条第３項第１号及び農地中間管理事業の推進に関する法律第18条第２項第２号へに規定する条件を除く。）又は不確定期限は、付けないものとみなす。

【注 釈】

18－1　18条の趣旨

法18条1項本文は、農地等の賃貸借について賃借人の権利を保護するため、当事者が解約等を行う際に規制を設けた。規制を受ける者に関し、同条1項の条文は「当事者」と明記しているが、現実に当該規制によって不利益を受けるのは賃貸人の側である。

第1に、規制の方法は、都道府県知事の許可を受けることが義務付けられるということである。当該許可を受けないまま当事者が解約等を行っても、法的には無効となる（法18条5項）。都道府県知事が、法18条1項の許可をしようとする場合、少なくとも同条2項に定める許可要件のいずれかを満たす必要がある。

なお、前記のとおり、法59条の2の規定によって、指定都市の区域内にある農地等については、**指定都市の長**が法18条1項の許可権を持つとされている。

第2に、規制の対象となる行為は、賃貸借の解除、解約の申入れ、合意解約および更新拒絶の通知の4つである（⇒3－3(2)エ）。

なお、賃貸借期間の満了も賃貸借終了事由の1つであるが、農地等の賃貸借については、法定更新の原則が適用されるため（⇒17－1）、期間が満了しただけでは賃貸借の終了事由とならない。

以上、農地等の賃貸借の当事者（例　賃貸人）が、法18条の都道府県知事の許可を受けることなく、例えば、賃借人の長年にわたる賃料不払いを理由に賃貸借契約を解除しても、当該解除は無効である。したがって、この場合、賃貸人が、賃貸借契約の解除を主張し、続いて原状回復義務の履行（農地等の引渡し）を求める裁判を提起しても、権利の発生要件である許可がない以上、**主張自体失当**の判断を受けることになる（原告の請求は棄却される。）。

18－2　18条１項の許可申請

（１）　法18条１項の許可（以下、「18条許可」ということがある。）を受けるための手続について、法は、「政令で定めるところにより」と規定するのみであり、その他の特段の定めを置いていない。

この点について、施行令22条１項は、「法18条第１項の許可を受けようとする者は、農林水産省令で定めるところにより、農林水産省令で定める事項を記載した申請書を、農業委員会を経由して、都道府県知事に提出しなければならない」と定める。

そして、同条２項は、「農業委員会は、前項の規定により申請書の提出があったときは、農林水産省令で定める期間内に、当該申請書に意見を付して、都道府県知事に送付しなければならない」と定める。なお、農業委員会が申請書を受け取ってから、許可権者である都道府県知事に対し申請書を送付する期間について、規則65条の２は、「申請書の提出があった日の翌日から起算して40日とする」と定めている。

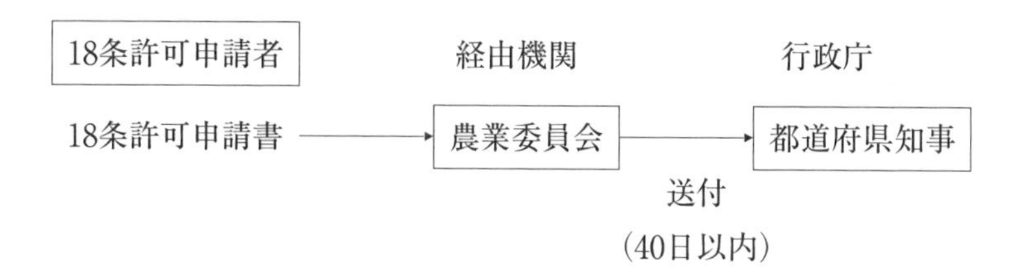

（２）　18条許可申請書の記載事項について、規則65条は、以下のとおり、１号から９号までにその内容を定めている（令22条１項参照）。

①　賃貸人および賃借人の氏名および住所（法人にあっては、その名称および主たる事務所の所在地ならびに代表者の氏名）（１号）

②　土地の所在、地番、地目および面積（２号）

③　賃貸借契約の内容（３号）

④　賃貸借の解除もしくは解約または賃貸借の更新拒絶をしようとする事由の詳細（４号）

⑤　賃貸借の解除をし、または解約の申入れをし、合意による解約をし、または賃貸借の更新拒絶の通知をしようとする日（５号）

⑥　賃借人の生計（法人にあっては経営）の状況および賃貸人の経営能力（６号）

⑦　賃貸借の解除もしくは解約または賃貸借の更新拒絶に伴い支払うべき給付の種類および内容（７号）

⑧　その土地の引渡しの時期（８号）

⑨　その他参考となるべき事項（９号）

（３）　農業委員会は、施行令22条２項の規定に従って、農業委員会の意見を決定した上、**意見書**を作成し、これを許可申請書に添付して都道府県知事に送付しなければならない。上記のとおり、送付は、18条許可申請書を受け取った日の翌日から40日以内に行う必要があり、必ずしも十分な時間的余裕があるわけではない。

（４）　農業委員会が作成する上記意見書に関し、事務処理要領は、「農業委員会は、許可申請書の提出があった場合には、その記載事項及び添付書類を審査するとともに必要に応じ実情を調査し、その申請が適法なものかどうか（中略）及び法第18条第２項各号に該当するかどうかを検討する」としている（事務処理要領第９・２(２)ア)。

しかし、これはやや片手落ちの通知であるとの批判を免れない。なぜなら、18条許可処分によって最も不利益を受けることになる賃借人の立場を余り考慮していないからである。すなわち、法18条２項には、都道府県知事が処分を行うに当たって、賃借人の意見ないし主張を聴くとする明文の規定は置かれていない。しかし、同項各号の規定の中には、賃借人側の事情に着目したものもあり、当該規定を合理的に解釈する限り、賃借人の意見を聴く必要があることを、原則として肯定せざるを得ない。

ここで参考とする必要があるのは、行手法10条である。同条は、「行政庁は、申請に対する処分であって、申請者以外の者の利害を考慮すべきことが当該法令において許認可等の要件とされているものを行う場合には、必要に応じ、公聴会の開催その他の適当な方法により当該申請者以外の者の意見を聴く機会を設けるよう努めなければならない」と定める。

ここでいう「申請者以外の者」とは、当該第三者に取消訴訟の原告適格が認められる場合が含まれることはもちろんのこと、例えば、公共交通機関の料金値上げ（認可）に際し、利害関係を持つ一般消費者のような場合も含まれると解されている（多数説）。法18条の賃借人の場合は、取消訴訟の原告適格を有するのであるから（行訴９条２項）、同人は、疑いなく、行手法10条の適用のある「申請者以外の者」に当たる。

（５） 以上のとおり、行手法10条は、行政庁に対し、申請者以外の第三者についてその意見を聴取する努力義務を課しているところ、賃貸人の側から出された法18条の許可を求める申請の場合、農業委員会は、第三者である賃借人の意見を聴くよう最大限の努力を払う必要があるという結論に至る。このような解釈に立った場合、農業委員会に求められるのは、以下の行為である。ここでは、法18条の申請者をＡ（農地の賃貸人）、農業委員会をB、申請者以外の第三者をC（農地の賃借人・耕作者）としておく。（注１）（注２）

（注１） 農業委員会が行うべきこと

第１に、農業委員会は、賃借人Cに対し、賃貸人Aから法18条の許可を求める申請が出たことおよびその内容を通知する必要がある。第２

に、同許可申請に関するCの意見を聴く必要がある。例えば、Aの申請が、法18条２項１号の「信義に反した行為があったこと」を理由とするものであれば、農業委員会としては、Cに対し、そのような事実の有無および、仮に事実が存在したときはその後の経過等について事実確認をする必要がある。また、例えば、同項２号の「転用相当」を理由として、Aから自主的にCに対して離作補償を行う意向が示されている場合、その金額に対するCの意見を聴く必要がある。なぜなら、Aの提示額に対し、Cが完全にこれに同意していれば、許可相当との意見に傾かざるを得ないであろうし、逆に、Cが全く了解しない場合は、慎重に意見を決定する必要があるからである（Cが了解しない場合であっても、Aの提示した金額を、農業委員会において客観的に評価した結果、相当額に達していると判断する場合は、許可相当の意見もあり得る。）。

（注２） 原告適格とは

原告適格については、行訴法９条に定めがある。本事例に即していえば、Aが求めた法18条の許可について、許可権者である都道府県知事が不許可処分をした場合、Aは、その取消しを求める**法律上の利益**があることは当然である。このような、法律上の利益を有する者については、取消訴訟を提起することができる資格、つまり原告適格が認められる。原告適格は、何も直接処分を受けた者のみが有するわけではない。処分の相手方以外の第三者であっても原告適格が認められ、処分の取消訴訟を提起することができる場合がある（行訴９条２項）。本事例では、処分を受けたA以外の第三者Cについても原告適格を認めることができる。具体的には、Aによる法18条許可申請に対し、都道府県知事がこれを認めて許可処分をした場合、Cはその処分が違法であるという理由で、その取消しを求める訴訟を提起することができる。裁判所の審理の中で、当然、農業委員会が意見を決定するに至った経緯についても、証拠に基づく法的評価が下され、場合によっては、処分権者による法18条許可処分の評価に影響が及ぶこともあり得る。したがって、経由機関である農業委員会としては、意見を決定するに当たっては、後に、司法機関によって違法性を指摘されることがないよう慎重な姿勢で臨む必要があろう。なお、原告適格を欠く者が訴訟を提起しても、却下判決を受ける。

18－3　18条1項ただし書

(1)　法18条1項ただし書は、「ただし、次の各号のいずれかに該当する場合は、この限りでない」と定める。

同項ただし書に記載されたいずれかの場合に該当すれば、法18条1項の許可を受けることなく、当事者は、適法に賃貸借の解除等の行為を行うことができる（許可除外）。

(2)　法18条1項ただし書は、1号から5号までを規定する。以下、順次その内容を述べる。

ア　同項1号とは、解約の申入れ、合意解約または更新拒絶の通知が、信託事業にかかる信託財産について行われる場合である。

イ　同項2号は、2つに分かれる。

第1に、**合意解約**が、解約によって農地等を引き渡すことになる期限（返還期限）の前6か月以内に成立した合意で、その旨が書面で明らかであるものに基づいて行われる場合である。これは、農地等の返還期限の直近の時期における賃借人の意思（農地等を返還するという真意）を正しく把握する必要があるからである。例えば、返還期限の5年前に返還合意をしたとしても、果たして5年後に賃借人に返還の意思があるか否かは不明である。5年前の合意を根拠として賃借人の賃借権を消滅させることは、賃借人の権利保護を原則とする法の趣旨に合わない。

第2に、民事調停法による**農事調停**によって合意解約が行われる場合である（⇒3－8(9)）。

ウ　同項３号も、２つに分かれる。

第１に、**更新拒絶の通知**が、10年以上の定めのある賃貸借について行われる場合である。ただし、次のものを除く。

①　解約告知権を留保しているもの（民618条。⇒３－３(２)エ)。

②　期間の満了前にその期間を変更したものであって、変更時以降の期間が10年未満であるもの。

上記第１の場合とは、例えば、賃貸人Aと賃借人Bが、期間を10年間とする農地賃貸借契約を締結し、更に法３条の許可を受ければ、それによって双方に賃貸借の関係が成立する。その後、Aが、これ以上の契約期間の更新を望まないと考えるに至ったときは、期間が満了する日の１年前から６か月前までの間に、Bに対し、更新拒絶の通知を行っておけば、期間満了と同時に賃貸借は終了する。Aが仮に適法に更新拒絶の通知をすることを怠った場合、法定更新の規定が働いて（法17条本文)、以降、期間の定めのない賃貸借として存続する。

第２に、水田裏作を目的とする賃貸借である。

エ　同項４号とは、法３条３項の規定の適用を受けて同条１項の許可（法３条の許可）によって設定された賃借権にかかる賃貸借の解除が、次の事由によって行われる場合である。すなわち、賃借人が農地等を「適正に利用していないと認められる」ことである（⇒３の２(２))。この場合、賃貸人は、解除をする前に農業委員会に対して届出をする必要がある。

上記賃貸借について、一部に解除条件付賃貸借と捉える立場があるが（事務処理要領第10・８)、そのような考え方は正しいものとはいえない（⇒３－12(２)、⇒３－６(１))。

この届出について、規則66条は届出書に記載すべき事項を定めている。また、規則67条は、届出書の提出を受けた農業委員会は、「当該届出を受理したときはその旨を、当該届出を受理しなかったときはその旨及びその理由を、遅滞なく、当該届出をした者に書面で通知しなければならない」と定める。（注１）（注２）（注３）

法３条３項の適用を受けた法３条１項許可

①A・B間の賃貸借契約が有効に成立

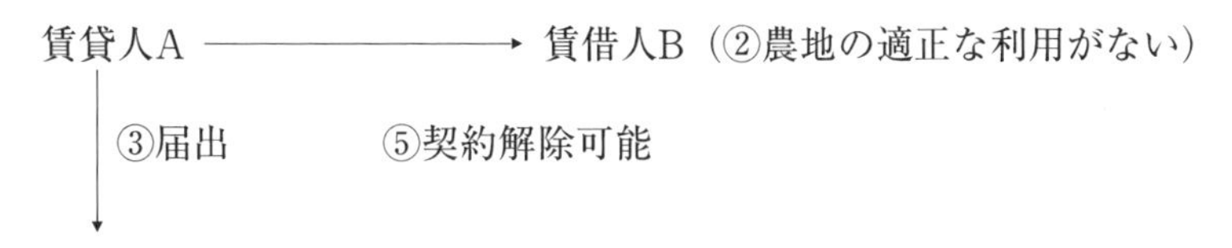

農業委員会　④受理

オ　賃貸人による届出が農業委員会によって適法に受理されることにより、法18条１項ただし書の適用を受け、その結果、同項による都道府県知事の許可を受けることなく、賃貸借の解除をすることが認められる。また、上記規則66条および67条は、受理のための要件を特に明記していない。その意味で、法３条３項の適用を受けた農地等の賃借権は、通常の土地の賃借権と同等のものということができる。

カ　同項５号とは、農地中間管理機構が、中間管理法２条３項１号に掲げる業務の実施により借り受け、または同項２号に掲げる業務もしくは基盤法７条１号に掲げる事業の実施により貸し付けた農地等にかかる賃貸借の解除が、中間管理法20条または21条２項の規定による都道府県知事の承認を受けて行われる場合である。

（注１）　届出書の記載事項

法18条１項４号を受けて規則66条１項は、届出書の記載事項について定めている。①賃貸人および賃借人の氏名および住所（法人にあっては、その名称および主たる事務所の所在地ならびに代表者の氏名)、②土地の所在、地番、地目および面積、③賃貸借契約の内容、④解除をしようとする賃貸借の目的となっている土地が適正に利用されていない状況の詳細、⑤賃貸借の解除をしようとする日、⑥その土地の引渡しの時期、⑦その他参考となるべき事項の7つである。

(注2) 届出書の添付書類

届出書を提出する場合には、次の書類を添付しなければならない(規66条2項)。①土地の登記事項証明書、②法3条3項1号に規定する条件その他農地等の適正な利用を確保するための条件が付されている書面、③その他参考となるべき書類である。

(注3) 届出受理に関する通知内容

農林水産省が制定した事務処理要領の内容は、以下のとおりである。事務処理要領は、法18条1項4号の届出書の提出があった場合における農業委員会の事務処理について、「届出に係る賃貸借の解除が賃借人がその農地等を適正に利用していないと認められる場合に行われるものであるかどうか、届出書の法定記載事項が記載されているかどうか及び添付書類が具備されているかどうかを検討し、その届出が適法であるかどうかを審査して、その受理又は不受理を決定する必要がある」、「農業委員会は、届出を受理したときは遅滞なく受理通知書(様式例第9号の2)をその届出者に交付し、届出を受理しないこととしたときは、遅滞なく理由を付けてその旨をその届出者に通知する必要がある」とする(事務処理要領第9・1(2))。その上で、事務処理上の留意事項として、「第1の4の(3)の規定は、農業委員会が法第18条第1項第4号の届出に関する事務処理を行う場合に準用する」とする(同1(3))。そこで、当該規定を読むと、「農業委員会は、届出書の提出があったときは、直ちに、届出者に対し、法第3条第1項第13号又は第14号の2の届出は農業委員会において適法に受理されるまでは届出の効力が発生しないことを十分に説明し、受理通知書の交付があるまでは事実上権利取得が行われたと等しい行為が行われることのないよう指導する必要がある」としている（事務処理要領第１・４(３)ア)。

なお、処理基準は、「農業委員会に届出を行った場合であっても、届出に係る農地等が適正に利用されている場合には解除の効力を生じないことは言うまでもない」としている（処理基準第９・１(４))。この表現にはやや曖昧な点がある。届出を行っても、それが農業委員会で受理されなければ、そもそも解除ができないはずだからである。したがって、この記述の意味は、農業委員会が、事実誤認に基づいて届出を受理し、受理（処分）に重大かつ明白な瑕疵が認められて無効とされる場合を想定して述べていると推測される（⇒４－５(２)（注４))。

18－4　18条２項

都道府県知事が、法18条１項の許可をしようとする場合、「次に掲げる場合でなければ、してはならない」と定められている（法18条２項)。これは、許可要件を定めた規定である。

したがって、ある申請が、ここに掲げられた要件（許可要件）を満たさない場合、許可をすることができない（不許可とされるべきである。)。この場合に、仮に許可権者が誤って許可処分をしたときは、（許可を受けることができた申請者がその取消しを求めることは考え難いため)、許可によって不利益を受ける者（通常は賃借人）が、同処分は違法であるとして、その取消しを求める訴訟（抗告訴訟）を提起することができる（行訴８条以下)。

一方、ここに掲げられた要件を満たしているにもかかわらず、許可処分が行われなかった場合、申請者の方で、当該不許可処分は違法であるとして、その取消しを求める訴訟（抗告訴訟）を提起することができる。

なお、法18条１項の許可を受ける必要がある場合とは、前記のとおり、主に賃貸人において、賃借人の債務不履行を原因として賃貸借の解除をし、期間の定めのない賃貸借について解約の申入れをし、合意解約をし、または期間の定めのある賃貸借について更新拒絶の通知をしようとする場合である（⇒3－3(2)エ)。

以下、法18条2項各号について述べる。

(1)　1号は、賃借人が信義に反する行為をした場合である。

これは、**信義則違反**が認められる場合といってもよい。賃貸借関係は、通常の売買などの契約と違って、賃貸借の関係が成立した場合、以降、長年にわたって契約が継続することが最初から予定されている。契約関係を継続するためには、双方の間に信頼関係が存在する必要がある。したがって、賃貸借の途中の時期において、一方の当事者が、相手方の信頼を破壊するような行為をした場合、それ以降、賃貸借関係を継続することは困難となる。

この点について、判例は、賃借人の側に当事者間の信頼関係を破壊するに至る程度の不誠意がない限り、賃貸人の解除権行使を認めないとした（最判昭39・7・28民集18・6・1220)。そして、信頼関係を破壊する事由として、不法行為の実行、長年に及ぶ賃料滞納、長期間にわたる耕作放棄等の場合が考えられる。この**信頼関係破壊の理論**は、当然、農地等の賃貸借についても適用される（⇒3－3(2)エ)。

なお、ここでいう「信頼関係破壊」とは、許可を求める賃貸人の主観を基準として判断されるものではなく、一般人の立場を基準として客観的に判断される。

(2)　2号は、賃貸借の目的物である農地等を、農地等以外のものにすることを相当とする場合である。いわゆる**転用相当**の場合である。この点の解釈について、処理基準は、「例えば、具体的な転用計画があり、転用許可が見込まれ、かつ、賃借人の経営及び生計状況や離作条件等からみて賃貸借契約を終了させることが相当と認められるか等の

事情により判断するものとする」という（処理基準第９・２(２)）。(注)

また、下級審判例も、例えば、「当該農地及びその周辺の客観的状況、賃貸人の当該農地を使用する必要性、転用後の使用計画の具体性及び確実性並びに賃借人の当該農地を耕作する必要性及び農業経営の状況等の諸般の事情を総合して判断すべきである」とする（東京地判平元・12・22訟月36・６・1123)。この判断は、許可を求める賃貸人の利益と、耕作事業に従事することを絶たれることになる賃借人の利益の双方当事者の利益を比較衡量して行うほかない。

(注)　「転用許可が見込まれる」とは

上記処理基準のいう「転用許可が見込まれる」という認識については疑義がある。なぜなら、何時の時点を基準に転用許可が見込まれるという認識を持つ必要があるのか、という点が不明だからである。既に述べたとおり、法４条の転用の場合、同条６項３号によって転用行為の妨げになる権利を有する者の同意を得ることが転用許可の必須要件となっているし（⇒４－10)、また、法５条の場合も同様とされている（⇒５－４)。そして、ここでいう「妨げになる権利を有する者」には賃借人も当然に含まれる。この点に関し、事務処理要領は、転用許可申請にかかる農地等について耕作者がいる場合、同人以外の者が転用するときは、「その申請に係る農地転用許可は、当該農地等に係る法18条第１項の許可と併せて処理することとし」とする（事務処理要領第４・１(６))。しかし、果たしてそのようなことが常に可能であろうか。例えば、賃貸人をA、賃借人をBとする。Aは賃貸借の目的農地を自分で転用したいと考えている。しかし、Bはこれに同意していない（耕作を継続したい。)。なお、Bに信義則違反の行為は存在しない、というケースが想定できる。この場合、Aが行った法18条１項の許可申請が通る（許可を受けられる）ためには、法18条２項２号の転用相当の許可要件を満たす必要がある。しかし、Bは転用に同意していないため、仮にAが同時期に法４条の転用許可申請をしたとしても不許可となる。そうすると、Aによる法18条の許可申請も不許可とならざるを得ない。そこで、次のような考え方があり得る。本件である法18条１項許可申請に対する審査を行うに当たって、本件許可を出すことにより、同日付けで別件の転用許可を出すことも可能になると考えられるため、本件許可を行うことができる、というものである。しかし、行政処分は、それぞれ独立して行われるべきものである。つまり、各処分時点において許可要件を充足していることが必要となる。この点において、上記の考え方には疑問があり、賛成できない。以上のことから、法18条２項２号が適用されるのは、原則として、賃借人が転用行為に同意している場合に限定されると解する。なお、Bに法18条２項２号以外の許可要件が存在する場合（例　信義則違反）は、同日付け許可をめぐる問題点は生じない。

（３）　３号は、賃借人の生計（法人にあっては、経営)、賃貸人の経営能力等を考慮し、賃貸人がその農地等を耕作等の事業に供することを相当とする場合である。いわゆる**自作相当**の場合である。この点の解釈について、処理基準は、「賃貸借の消滅によって賃借人の相当の生活の維持が困難となるおそれはないか、賃貸人が土地の生産力を十分に発揮させる経営を自ら行うことがその者の労働力、技術、施設等の点から確実と認められるか等の事情により判断する」としている（処理基準第９・２(３))。

本号は、これまで賃借人が農地等を耕作していたという現状を否定し、これに代わって賃貸人が農地等を耕作することを認めるという内容のものであり、耕作者の交代による従前の賃借権の剥奪にほかならない。

法１条が、「耕作者の地位の安定」を立法目的の１つに掲げている以上、従来の耕作者の地位を喪失させても、なお同法の趣旨に反しないという状況が具備されていることが必要と考えられる。この点を考えるに当たっては、法１条が、「農業生産の増大」を図ることも目的としていることが重要となる。２つの立法目的を両立させるためには、第１に、従前の耕作権を尊重しつつ、第２に、併せて農業生産の増大を図るという考え方に立つ必要がある。

そのように考えた場合、例えば、賃貸人が賃貸農地の返還を受けて自分で耕作を行いたいというような単純な動機で許可申請をしても、許可が下りるはずはない。そうではなく、例えば、現在の賃借人が高齢化して現実にほとんど耕作をしていない状況が継続しているところ、別の農地において農業経営を着実に行っている賃貸人が許可を申請したような場合に、初めて本号の適用の可否が問題となる。ほぼ同様の考え方に立つ下級審判決もある（福岡地判平11・5・25判自199・85）。

この判例は、賃借人が農地を返還することにより従前の生活水準を維持することが困難とならないかという点を重視すべきであると指摘する。同時に、賃貸人が農地の返還を受けた場合にその経営能力等からみて農業生産が増大するかどうか等、双方の諸事情を総合的に勘案することが必要であるとしている。

（４）　４号は、その農地について、賃借人が法36条１項の規定によって**勧告**を受けた場合である。法36条とは、農業委員会による農地の所有者等に対する、農地中間管理権の取得に関する協議の勧告を指す。

（５）　５号は、賃借人である**農地所有適格法人**がその要件を欠いた場合等に関する規定である。

（６）　６号は、その他**正当の事由**が認められる場合である。６号は、既に述べた１号から５号までの許可要件に該当しない場合であっても、賃借権を喪失させることが正当であると認められる場合について定める。いわゆる**一般条項**である。

この点の解釈について、処理基準は、「判断に当たっては、個別具体的な事案ごとに様々な状況を勘案し、総合的に判断する必要がある」という見解を示す。そして、賃借人が農地を適正かつ効率的に利用していない場合は、6号に該当することがあり得るとする（処理基準第9・2(4)）。

確かに、賃借人が賃借農地を長年にわたってほとんど耕作せず、しかし、最低限の農地管理を行い、かつ、賃料の支払を怠っていないという事例は少なくないと思われる。このような状況は、農地を農地として本来の目的のために活用しようとしない典型例ということができる。これでは存在意義のない無用な賃借権と言わざるを得ない。限られた国土資源である農地を活用するためには、このような状態の解消は好ましいことであり、6号によって賃借権消滅を正当化できる場合が多いのではないかと考える。

18－5　18条3項

法18条3項は、都道府県知事が、法18条1項の許可をしようとする場合、あらかじめ都道府県機構の意見を聴かなければならないと定める（⇒4－8(1)）。ただし、農委法42条1項の規定による都道府県知事による指定がされていない場合は、この限りでない。

意見を聴くのは、農業者全体の利益を体現する団体としての性格を持つ都道府県機構の意向を、許可処分をするに当たって反映させるためであると考えられる。したがって、都道府県知事が、許可処分をしない場合は、都道府県機構の意見を聴く必要はないと解される。

18－6　18条4項

(1)　法18条4項は、「第1項の許可は、条件をつけてすることができる」と定める。

ア　ここでいう**条件**とは、前記のとおり、法18条1項許可という行政処分に付加されるものであって、**附款**と呼ばれるものである（⇒3－

14（1））。一部に、これを停止条件または解除条件と解する見解があるが、これは誤りと言うほかない。

イ　ここで、しばしば問題となるものに、**離作料**または**離作補償**の問題がある。離作料または離作補償については、特に農地法上の定めはない。その法的性質については、賃借権消滅の対価または農業経営上の損失補償と考える立場が一般的である。

この問題が発生する場面として、主に２つのものがあると思われる。

（ⅰ）　賃貸人と賃借人が、合意で賃貸借契約を解消しようとする際に、権利を失う賃借人の方から賃貸人に対し、解約の対価ないし補償として要求するものである。この場合は、双方が離作料の金額について合意すれば問題はないわけであり、金額面で特に留意すべき点はない。賃借人が同意すれば離作料０円でも問題ない。

（ⅱ）　賃貸人が、都道府県知事に対し、法18条の許可申請をした場合、同知事において、これを認めて許可処分をするに際し、法18条２項の許可要件の充足を補完する付随的要素として、許可申請者つまり賃貸人に対し、一定の財産的給付を命ずる場合がある。この財産的給付は、前記したとおり、許可処分に付加されるものであり、附款のうちの**負担**（特別の義務の履行を命ずること）に該当する。

（２）　ここで、離作料の算定方法について述べる。

ア　算定のやり方については、次のような考え方があり得る。

①　問題となっている賃借農地の時価を基準として、国税局長が定めた**耕作権割合**によって算定するものである。最近では、このような考え方は支持を失いつつある。

②　耕作者の年間**農業申告額**を基準として、現在の賃借人による農業経営が少なくとも就労可能（耕作可能）期間行われるとの前提に立ち、賃借人が賃借農地を明け渡した時から就労可能年数に応じたライプニッツ係数を乗じて算定するものである。

③　**農業投資価格**（ある農地が恒久的に農地として利用されると想定し、その土地について自由な取引がされたと仮定した場合に通常成立すると考えられる価格）を基準として算定するものである。

④　離作料は不要とする考え方がある。この考え方は、農林水産省が実施している農地関係の統計から、大多数（90％以上）の場合、離作料の授受が行われていないという事実（慣行）を根拠とする。

イ　上記のような考え方があるが、次のように指摘することができる。そもそも農地の賃借権は、他人から農地を賃借した者が、自分（世帯員等を含む。）でその農地を耕作して収益を上げることを目的としている。賃借した目的は、専ら農地を耕作することであって、将来の転用を想定して借りるものではない。したがって、当該農地が転用可能となった場合に、これに伴う通常の売買等の取引で得られる利益については何らの権利または期待権を持たない。

①の見解であるが、土地の価格および借地権割合を基準とする考え方は合理性を欠き、支持できない。一方、④の見解は、賃借人の個別具体的な事情を全く考慮しないものであって相当とはいえない。②の考え方は、離作料算定の基礎を賃借人の農業収入に求めるものであって支持に値する。最後に、③の考え方は、離農に伴って賃借人が農業目的で農地を新規に購入しようとした場合に発生する負担（購入代金）を１つの基準とするものであり、相当の合理性がある。

18－7　離作料に関する下級審判例

（１）　農地の賃貸人から、法18条１項の許可権者（原則として、都道府県知事であるが、そうでない場合もある。法59条の２の場合のほかに、許可権限が移譲されている場合がある。⇒4－4（1））に対し、同項の許可を求める申請があった場合、許可権者としては、次のような処分を行うことになろう。基本的に、許可処分、負担付き許可処分（いわゆる条件付き許可処分）および不許可処分である。

法18条許可申請

賃貸人 ───────→ 法18条の許可権者

○許可処分

○負担付き許可処分

○不許可処分

ここで、近年出されたいくつかの下級審判決について、以下のとおり、第１に、許可権者が行った許可処分に対しその取消訴訟が提起されたもの、第２に、同じく不許可処分に対しその取消訴訟が提起されたものの順に紹介する。

（２） 許可処分（いわゆる条件付許可処分を含む。）に対して取消訴訟が提起されたものとしては、次のようなものがある。

① 東京地裁平成元年12月22日判決（判自76・70）は、被告東京都知事が行った賃貸借解約の許可処分について、その取消しを原告である賃借人が求めたものである。判決理由によれば、当該農地は市街化区域内にあり、賃貸人は自宅を新築する必要があって当該農地の転用を計画していた。一方、賃借人は、当該農地を家庭菜園的に使用しているにとどまり、解約されても生計に影響は生じないと認定された。また、離作料の額が耕作権に相当する対価でなければならないという主張は原告独自の見解であって、採用できないなどとされた。

判決文の中で、被告は、賃貸人に対し、離作料を支払う意思があるか否かを確認したところ、1400万円を支払う用意があると回答したため、当該金額の支払を条件として許可処分をしたという事情が示されている。このように、許可権者は、許可申請者の意向も踏まえて、処分の内容を適宜決定することができることは当然であろう。

② 熊本地裁令和元年6月26日判決（判自462・87）は、被告熊本市の長が行った賃貸借解約の許可処分について、その取消しを原告賃借人が求めたものである。判決理由によれば、賃貸人が転用許可申請をすれば許可を受けられる十分な見込みがあることについては、当事者間に争いがない。賃借人は、本件農地において特段の農業収入を得ていない。本件許可処分には、離作料の支払が条件として付されているが、具体的な金額は明示されていない。しかし、離作料の支払は、農地の明渡しの時点で行われれば足りるし、また、賃貸人は、本件申請の段階で30万円の支払を申し出ていたことから、離作料が支払われることは確実と認められる。なお、本件条件は、停止条件ではなく、講学上の負担と解すべきである。仮に離作料の支払が行われなくとも、本件許可処分の効力を左右するものではないなどとされた。

この判決は、法18条許可処分の附款として付された条件とは、負担を意味すると正しく捉えている。また、離作料の支払を条件として許可処分を出すに当たっては、特に金額を明示する必要はないとした。しかし、その後の無用の紛争発生を防止する観点からは、極力、金額を明記した方がよいと考えられる。本件許可処分があった後、仮に賃貸人の方から、賃借人に対する離作料の支払が行われなくとも、処分の効力に影響しないのは、そのとおりである（後は処分の撤回の可否が問題となるだけである。⇒３の２（１））。

（３） 次に、不許可処分について、許可申請者が原告となってその取消しを求めたものとしては、次のようなものがある。

①　東京高裁平成25年３月７日判決（判自377・85）は、賃貸人である被控訴人（原告）が、控訴人（被告）の長である宇都宮市長に対し、賃借人への解約の申入れをするため、法18条１項の許可を求める申請をしたが、同市長が不許可処分を行ったため、その取消しを求めて出訴したものである（１審では原告が勝訴した。）。判決理由によれば、法18条２項２号に該当する事実はない。同項５号（ただし、現行法では当時５号の番号が６号となっていることに注意）に定める「正当な事由がある場合」に該当する。本件許可申請は、適正な離作料の支払を条件として許可するのが相当である。そのような条件が付されることによって、正当な事由がある場合に該当する。にもかかわらず、処分庁である宇都宮市長が、離作料の額について検討をしないまま本件不許可処分を行ったことは、同号に反して違法である。原判決は相当であり、控訴には理由がないなどとされた。

この判決は、賃貸人が解約申入れをするために、法18条１項の許可申請をしたことに対し、許可権限を持つ宇都宮市長が、同条２項５号（現６号）の要件該当性を審査するに当たって、仮に離作料の支払を条件として付しておけば同号に該当するにもかかわらず、その点の検討を怠って、いきなり不許可処分を下したことを違法と判断したものである。したがって、許可権者としては、賃貸人が明確に離作料の支払を強く拒否しているような場合を除き、原則として、当事者の意向も踏まえた上で、離作料を許可の条件として付するべきか否かの点を検討する必要があろう。

②　京都地裁平成29年４月13日判決（判自436・86）は、賃貸人である原告が、被告の長である京都市長に対し、賃借人に対する契約解除または解約の申入れをするため、法18条１項の許可を求める申請をしたが、同市長が不許可処分を行ったため、その取消しを求めて出訴し

たものである。判決理由は、法18条２項１号および２号の要件についてはその存在を否定した。しかし、同項６号の「正当の事由」についてはこれを認め、耕作を終了し、本件土地を宅地化して他の用途に供することが、本件土地の効率的かつ適正な利用につながると客観的に認められるとした。一方、賃借人には農業収入は全くなく、年金で生活していること、および今後本件土地で農業を継続する意思がないことを認定した。離作料については、耕作による利益を基に算定すべきであるとし、路線価を前提に宅地並みの借地権価格に基づき離作料を算定することは否定した。さらに、本件においては、法18条２項６号の正当事由を認めるに当たって、離作料は必要ないなどと結論付けた。なお、本件の原告は、義務付けの訴えも提起していたところ、これについても理由があるとして、処分庁は本件申請に対し許可処分をすべきであると命じた。

この判決は、賃借人が全く農業を行っていないときは、離作料の授受は不要との立場を明らかにしたものであり、この問題に対する最近の考え方に沿った妥当なものと言い得る。ただ、農地を宅地化した方が、土地の効率的かつ適正な利用につながるという見解については違和感がある。なぜなら、このような「効率的かつ適正利用」の評価は、農地法の分野においては、農地を農地として利用する場面で用いられることが多い概念だからである。

18−８　18条５項から８項まで

（１）　法18条５項は、同条１項の許可を受けないで、賃貸借の当事者が、解約の申入れ等の行為を行っても効力がないことを示したものである。例えば、法18条１項の許可を受けないまま、賃貸人が賃貸借契約を解除しても、それは無効である。

（２） 法18条６項は、当事者による解約の申入れ等の行為が、許可除外の規定の適用を受けて（法18条１項ただし書）、同条１項の許可を受けないまま行われた場合、その旨を農業委員会に通知することを当事者に義務付けた。

（３） 法18条７項は、前条（法17条）または民法617条もしくは同618条の規定と異なる賃貸借の条件で、これらの規定と比べ、賃借人にとって不利となる内容（契約）については、仮に契約しても無効となるとした。

例えば、期間を５年と定めた農地の賃貸借については、仮に解約告知権を留保したとしても、通常は、（法18条１項の許可を受けた上で）解約申入れの時から１年を経過しないと、賃貸借の効力は消滅しない（民618条・617条１項）。この場合、当事者間の特約によって民法の原則を修正し、例えば、解約申入れの時から３か月の期間が経過すれば賃貸借の効力が消滅すると合意しても、法18条７項の規定が働き、当該特約の部分は無効となる。

他方、賃借人にとってより有利となる内容については、それが強行規定に抵触しない限り、有効である。

（４） 法18条８項は、農地等の賃貸借に付けた解除条件または不確定期限については、付けないものとみなすとした。例えば、農地の賃借人が死亡した時は、賃貸借契約は、その時点で当然に効力を失う（解除条件）と定めても、そのような約束は無効である。なお、同項かっこ書は、かっこ内で規定された条件を除くとしているが、全く意味がない。なぜなら、これらのものは、もともと解除条件ではないからである（⇒３－12（２）ア）。

第19条　削除

（借賃等の増額又は減額の請求権）

第20条　借賃等（耕作の目的で農地につき賃借権又は地上権が設定されている場合の借賃又は地代（その賃借権又は地上権の設定に付随して、農地以外の土地についての賃借権若しくは地上権又は建物その他の工作物についての賃借権が設定され、その借賃又は地代と農地の借賃又は地代とを分けることができない場合には、その農地以外の土地又は工作物の借賃又は地代を含む。）及び農地につき永小作権が設定されている場合の小作料をいう。以下同じ。）の額が農産物の価格若しくは生産費の上昇若しくは低下その他の経済事情の変動により又は近傍類似の農地の借賃等の額に比較して不相当となつたときは、契約の条件にかかわらず、当事者は、将来に向かつて借賃等の額の増減を請求することができる。ただし、一定の期間借賃等の額を増加しない旨の特約があるときは、その定めに従う。

2　借賃等の増額について当事者間に協議が調わないときは、その請求を受けた者は、増額を正当とする裁判が確定するまでは、相当と認める額の借賃等を支払うことをもつて足りる。ただし、その裁判が確定した場合において、既に支払つた額に不足があるときは、その不足額に年10パーセントの割合による支払期後の利息を付してこれを支払わなければならない。

3　借賃等の減額について当事者間に協議が調わないときは、その請求を受けた者は、減額を正当とする裁判が確定するまでは、相当と認める額の借賃等の支払を請求することができる。ただし、その裁判が確定した場合において、既に支払を受けた額が正当とされた借賃等の額を超えるときは、その超過額に年10パーセントの割合による受領の時からの利息を付してこれを返還しなければならない。

【注 釈】

20－1　借賃等の増減額が可能な場合

（1）　本条が規制の対象としているのは、耕作目的で農地に賃借権または地上権が設定される場合である。第1に、賃借権の場合、賃借人は、目的物を使用収益する対価としての性質を持つ**賃料**（ただし、本条は「**借賃**」と呼ぶ。）を賃貸人に対して支払う義務を負う（民601条）。第2に、地上権の場合、地上権者（地上権の設定を受けた者）は、設定行為によって、地代を支払う義務を負うタイプのものと、無償のタイプのものに分けられる（民266条1項）。前者の場合、民法274条から276条までの規定が準用される（同項）。ただ、耕作目的で農地に地上権が設定されることは余りないと思われる（⇒3－2（3））。よって、以降の説明は、専ら賃借権に限定して行う。

賃料の増減額請求権は、当初の賃料が、その後の事情変更によって相当性を欠くに至った場合に、当事者間の公平を図るため、双方においてそれぞれ行使することが認められたものである。

（2）　本条1項で問題となるのは、当事者が、どのような場合に賃料の増額または減額を請求することができるかという点である。同項は、その要件として、「農産物の価格若しくは生産費の上昇若しくは低下その他の経済事情の変動により又は近傍類似の農地の借賃等の額に比較して不相当となったとき」と定めている。これらの要素は、いずれも事情変更が生じたと評価される場合を例示したものと解される。

ここで、特に問題となるのは、「経済事情の変動」という抽象的な要件である。最高裁判例は、市街化区域内に農地を所有している賃貸人が、同人の所有する賃貸農地の固定資産税等がいわゆる宅地並み課税によって増加したことは、法23条（ただし、現在は法20条。）の定める経済事情の変動に該当すると主張した事件について、同人の主張を次のような理由で退けた（最大判平13・3・28民集55・2・611）。

最高裁は、法は、小作料（賃料）の額について、「当該農地において通常の農業経営が行われた場合の収益を基準として小作料の額を定めるべきものとしていると解するのが相当であり、法23条もこの趣旨に沿って解釈すべきである」という考え方を明らかにした。

そして、農地に対する宅地並み課税は、市街化区域内農地の価格が周辺の宅地並みに騰貴して、その値上がり益が当該農地の資産価値の中に化体していることに着目して導入されたものであり、「宅地並み課税の税負担は、値上がり益を享受している農地所有者が資産維持の経費として担うべきものと解される」、「宅地並みの資産を維持するための経費を小作料に転嫁し得る理由はない」との解釈を示した。

（3） ただし、一定の期間を限って賃料の額を増額しない旨の特約が存在する場合は、その定めに従う（法20条1項ただし書）。これは、賃借人の地位を保護するために認められたものと解される。したがって、当事者間で賃貸借契約を締結し、農地法所定の許可を受けた後に、仮に経済事情の変動が生じたとしても、少なくとも当該約定期間については、賃貸人が賃料の増額請求権を行使することは認められないと解される。

20－2 借賃等の増減額請求権の行使

（1） 賃料（借賃）の増額または減額について当事者間で協議が調わないときは、次のとおりとなる。賃料の増額または減額の請求権の行使は、**形成権**の行使という性質を持つため、その意思表示が相手方に到達することによって、賃料が相当額まで増額または減額されるという法的効果が生じる。この場合、相手方の同意は不要である。

例えば、賃貸人において、従前の年間賃料10万円が安すぎると考え、賃借人に対し、翌年度から15万円に増額すると通知した場合、通知を受けた賃借人としては、これを適正なものと認めて合意することも可能であるし、あるいは高額すぎると考える場合は、自分が相当と認める額の賃料（例えば、12万円）を賃貸人に支払っておくことも許される。ここでいう賃料の「相当」性は、賃借人が主観的に判断した額を指す（ただし、借地借家法関係の下級審判決の中には、相当性を具備するためには、従前に賃借人が支払っていた金額を下回ることはできないとしたものがある。東京地判平22・8・31（平21（ワ）27293））。そして、賃貸人が起こした賃料増額請求の裁判が確定した場合、既に支払った額に不足がある場合、支払期限から、その不足額に対し年10パーセントの割合による利息を付して支払う必要がある。例えば、裁判の結果、13万円が適正な賃料（相当額）と判断されて確定した場合、賃借人は、不足額年１万円について年10パーセントの割合による利息を加算して支払わなければならない。

上記の場合、一定の期間内において賃借人が現実に支払った賃料の額は、適正な賃料と判断された額（相当額）を下回る結果となるが、しかし、後から利息を付した上で不足額を支払うことにより、債務不履行の責任は問われないことになる。

（２） 一方、賃借人が賃貸人に対し賃料の減額を請求した場合、賃貸人は、自分が相当と認める額の賃料を賃借人に対して請求することができる。ただし、賃借人が起こした賃料減額請求の裁判が確定した場合、賃貸人が既に支払を受けた額が裁判によって適正と判断された額（相当額）を超えるときは、賃貸人は、同じく超過額について年10パーセントの割合による利息を加算して返還しなければならない。

（契約の文書化）

第21条　農地又は採草放牧地の賃貸借契約については、当事者は、書面によりその存続期間、借賃等の額及び支払条件その他その契約並びにこれに付随する契約の内容を明らかにしなければならない。

【注 釈】

21　契約の文書化

（1）　本条は、農地等の賃貸借契約について、書面によって契約の内容を明らかにしなければならないと定める（**賃貸借契約書の作成**）。本条の趣旨は、賃貸借契約を文書化することによってその内容を客観的に認識できるものとし、もって将来における無用の紛争発生を防止することにある。

一般論としていえば、契約は、対向関係にある当事者の意思表示が合致することによって成立する（民522条。⇒３－３（１））。農地等の賃貸借についてもその原則が妥当する。したがって、仮に書面を作成しない口頭による合意であっても、契約自体は成立する（一方、民法587条が定める消費貸借契約のように、契約が成立するためには、契約の目的物を引き渡すことが必要とされるものがあり、これを**要物契約**と呼ぶ。）。

本条は、契約書の作成を当事者に求めるが、これを**強行規定**と解することはできない（**任意規定**と解される。）。したがって、口頭による賃貸借契約の締結によって契約は成立し、さらに、法３条１項の許可を受けることによって同契約は有効となる（後記（２）ただし書の場合、口頭による契約のときは、契約書が存在しないため不適法な許可申請となって、許可を受けることができない。）。

ここで、契約の成立と効力の発生を区別する必要がある。例えば、耕作目的の農地の賃貸借についていえば、賃貸人Aと賃借人Bが、少なくとも目的農地を賃貸借する旨の合意をすれば、賃貸借契約は成立する。しかし、賃貸借契約がその効力を生じるためには、原則として、農地法３条１項の許可を受ける必要がある。農地法の許可がない限り、農地の賃貸借契約は効力を生ぜず、BはAに対し、目的農地の使用・収益をさせるよう請求する権利（賃借権）を有しない（法３条６項。⇒３－15）。（注）

（注）　双務契約における債務の牽連性

賃貸借契約は双務契約である。**双務契約**とは、当事者双方が負う債務が相互に対価的意義を持つ契約を指す。ところで、既に述べたとおり、法３条１項は、例えば、農地について賃借権を設定する場合、同項の許可を受けなければならないと規定する（⇒３－15(３))。賃貸人をA、賃借人をBとする賃貸借契約が締結された場合、Bの賃借権は、法３条許可がない限り発生しない。では、AのBに対する賃料請求権はどうか。いろいろな法解釈があり得るが、本書は、賃貸借契約を締結した時点で一旦は発生すると解する。しかし、AがBに対し賃料の支払を請求しても、賃貸借は双務契約であるため、Bは**同時履行の抗弁権**を行使して、賃料の支払を拒むことができる（民533条）。このように、同時履行の抗弁権は、双務契約における当事者間の公平を維持するために認められた制度ということができる。

(２)　ところで、上記賃貸借の当事者が、法３条１項の許可を受けようとした場合、許可申請書に添付を要する書面の中に、賃貸借契約書の写しが含まれるであろうか。この点について、施行令１条は、法３条１項本文が「政令で定めるところにより」と定めていることを受けて、「農林水産省令で定める事項を記載した申請書を農業委員会に提出しなければならない」と規定する。同条の定めを受けて、規則10条２項各号に必要的添付書類が列記されている。ところが、賃貸借契約書は、ここには明記されていないため、添付する義務はないと解される。

ただし、同項6号は、法3条3項の適用を受けて同条1項の許可を受けようとする者にあっては、同項1号に規定する条件が付されている契約書の写しを添付することを要求しているため、**解除をする旨の条件**すなわち解除特約が明記された賃貸借契約書の写しを添付する義務がある（⇒3－12(2)）。

（強制競売及び競売の特例）

第22条　強制競売又は担保権の実行としての競売（その例による競売を含む。以下単に「競売」という。）の開始決定のあつた農地又は採草放牧地について、入札又は競り売りを実施すべき日において許すべき買受けの申出がないときは、強制競売又は競売を申し立てた者は、農林水産省令で定める手続に従い、農林水産大臣に対し、国がその土地を買い取るべき旨を申し出ることができる。

2　農林水産大臣は、前項の申出があつたときは、次に掲げる場合を除いて、次の入札又は競り売りを実施すべき日までに、裁判所に対し、その土地を第10条第1項の政令で定めるところにより算出した額で買い取る旨を申し入れなければならない。

一　民事執行法（昭和54年法律第4号）第60条第3項に規定する買受可能価額が第10条第1項の政令で定めるところにより算出した額を超える場合

二　国が買受人となれば、その土地の上にある留置権、先取特権、質権又は抵当権で担保される債権を弁済する必要がある場合

三　売却条件が国に不利になるように変更されている場合

四　国が買受人となつた後もその土地につき所有権に関する仮登記上の権利又は仮処分の執行に係る権利が存続する場合

3　前項の申入れがあつたときは、国は、強制競売又は競売による最高価買受申出人となつたものとみなす。この場合の買受けの申出の額は、第10条第１項の政令で定めるところにより算出した額とする。

（公売の特例）

第23条　国税徴収法（昭和34年法律第147号）による滞納処分（その例による滞納処分を含む。）により公売に付された農地又は採草放牧地について買受人がない場合に、当該滞納処分を行う行政庁が、農林水産省令で定める手続に従い、農林水産大臣に対し、国がその土地を第10条第１項の政令で定めるところにより算出した額で買い取るべき旨の申出をしたときは、農林水産大臣は、前条第２項第２号から第４号までに掲げる場合を除いて、その行政庁に対し、その土地を買い取る旨を申し入れなければならない。

2　前項の申入があつたときは、国は、公売により買受人となつたものとみなす。

（農業委員会への通知）

第24条　農林水産大臣は、前２条の規定により国が農地又は採草放牧地を取得したときは、農業委員会に対し、その旨を通知しなければならない。

（農業委員会による和解の仲介）

第25条　農業委員会は、農地又は採草放牧地の利用関係の紛争について、農林水産省令で定める手続に従い、当事者の双方又は一方から和解の仲介の申立てがあつたときは、和解の仲介を行なう。ただし、農業委員会が、その紛争について和解の仲介を行なうことが困難又は不適当であると認めるときは、申立てをした者の同意を得て、都道府県知事に和解の仲介を行なうべき旨の申出をすることができる。

2　農業委員会による和解の仲介は、農業委員会の委員のうちから農業委員会の会長が事件ごとに指名する３人の仲介委員によつて行なう。

（小作主事の意見聴取）

第26条　仲介委員は、第18条第１項本文に規定する事項について和解の仲介を行う場合には、都道府県の小作主事の意見を聴かなければならない。

２　仲介委員は、和解の仲介に関して必要があると認める場合には、都道府県の小作主事の意見を求めることができる。

（仲介委員の任務）

第27条　仲介委員は、紛争の実情を詳細に調査し、事件が公正に解決されるように努めなければならない。

（都道府県知事による和解の仲介）

第28条　都道府県知事は、第25条第１項ただし書の規定による申出があつたときは、和解の仲介を行う。

２　都道府県知事は、必要があると認めるときは、小作主事その他の職員を指定して、その者に和解の仲介を行なわせることができる。

３　前条の規定は、前２項の規定による和解の仲介について準用する。

（政令への委任）

第29条　第25条から前条までに定めるもののほか、和解の仲介に関し必要な事項は、政令で定める。

第４章　遊休農地に関する措置

（利用状況調査）

第30条　農業委員会は、農林水産省令で定めるところにより、毎年１回、その区域内にある農地の利用の状況についての調査（以下「利用状況調査」という。）を行わなければならない。

２　農業委員会は、必要があると認めるときは、いつでも利用状況調査を行うことができる。

（農業委員会に対する申出）

第31条　次に掲げる者は、次条第１項各号のいずれかに該当する農地があると認めるときは、その旨を農業委員会に申し出て適切な措置を講ずべきことを求めることができる。

一　その農地の存する市町村の区域の全部又は一部をその地区の全部又は一部とする農業協同組合、土地改良区その他の農林水産省令で定める農業者の組織する団体

二　その農地の周辺の地域において農業を営む者（その農地によつてその者の営農条件に著しい支障が生じ、又は生ずるおそれがあると認められるものに限る。）

三　農地中間管理機構

２　農業委員会は、前項の規定による申出があつたときは、当該農地についての利用状況調査その他適切な措置を講じなければならない。

（利用意向調査）

第32条　農業委員会は、第30条の規定による利用状況調査の結果、次の各号のいずれかに該当する農地があるときは、農林水産省令で定める

ところにより、その農地の所有者（その農地について所有権以外の権原に基づき使用及び収益をする者がある場合には、その者。以下「所有者等」という。）に対し、その農地の農業上の利用の意向についての調査（以下「利用意向調査」という。）を行うものとする。

一　現に耕作の目的に供されておらず、かつ、引き続き耕作の目的に供されないと見込まれる農地

二　その農業上の利用の程度がその周辺の地域における農地の利用の程度に比し著しく劣つていると認められる農地（前号に掲げる農地を除く。）

2　前項の場合において、その農地（その農地について所有権以外の権原に基づき使用及び収益をする者がある場合には、その権利）が数人の共有に係るものであつて、かつ、相当な努力が払われたと認められるものとして政令で定める方法により探索を行つてもなおその農地の所有者等の一部を確知することができないときは、農業委員会は、その農地の所有者等で知れているものの持分が２分の１を超えるときに限り、その農地の所有者等で知れているものに対し、同項の規定による利用意向調査を行うものとする。

3　農業委員会は、第30条の規定による利用状況調査の結果、第１項各号のいずれかに該当する農地がある場合において、相当な努力が払われたと認められるものとして政令で定める方法により探索を行つてもなおその農地の所有者等（その農地（その農地について所有権以外の権原に基づき使用及び収益をする者がある場合には、その権利）が数人の共有に係る場合には、その農地又は権利について２分の１を超える持分を有する者。第１号、第53条第１項及び第55条第２項において同じ。）を確知することができないときは、次に掲げる事項を公示するものとする。この場合において、その農地（その農地について所有権以外の権原に基づき使用及び収益をする者がある場合には、その権利）が数人の共有に係るものであつて、かつ、その農地の所有者等で知れ

ているものがあるときは、その者にその旨を通知するものとする。

一　その農地の所有者等を確知できない旨

二　その農地の所在、地番、地目及び面積並びにその農地が第１項各号のいずれに該当するかの別

三　その農地の所有者等は、公示の日から起算して２月以内に、農林水産省令で定めるところにより、その権原を証する書面を添えて、農業委員会に申し出るべき旨

四　その他農林水産省令で定める事項

4　前項第３号に規定する期間内に同項の規定による公示に係る農地の所有者等から同号の規定による申出があつたときは、農業委員会は、その者に対し、第１項の規定による利用意向調査を行うものとする。

5　前項の場合において、その農地（その農地について所有権以外の権原に基づき使用及び収益をする者がある場合には、その権利）が数人の共有に係るものであるときは、農業委員会は、第３項第３号の規定による申出の結果、その農地の所有者等で知れているものの持分が２分の１を超えるときに限り、その農地の所有者等で知れているものに対し、第１項の規定による利用意向調査を行うものとする。

6　前各項の規定は、第４条第１項又は第５条第１項の許可に係る農地その他農林水産省令で定める農地については、適用しない。

第33条　農業委員会は、耕作の事業に従事する者が不在となり、又は不在となることが確実と認められるものとして農林水産省令で定める農地があるときは、その農地の所有者等に対し、利用意向調査を行うものとする。

2　前条第２項から第５項までの規定は、前項に規定する農地がある場合について準用する。この場合において、同条第２項中「前項」とあるのは「次条第１項」と、同条第３項第２号中「面積並びにその農地が第１項各号のいずれに該当するかの別」とあるのは「面積」と、同

条第４項及び第５項中「第１項」とあるのは「次条第１項」と読み替えるものとする。

３　前２項の規定は、第４条第１項又は第５条第１項の許可に係る農地その他農林水産省令で定める農地については、適用しない。

（農地の利用関係の調整）

第34条　農業委員会は、第32条第１項又は前条第１項の規定による利用意向調査を行つたときは、これらの利用意向調査に係る農地の所有者等から表明されたその農地の農業上の利用の意向についての意思の内容を勘案しつつ、その農地の農業上の利用の増進が図られるよう必要なあつせんその他農地の利用関係の調整を行うものとする。

（農地中間管理機構による協議の申入れ）

第35条　農業委員会は、第32条第１項又は第33条第１項の規定による利用意向調査を行つた場合において、これらの利用意向調査に係る農地（農業振興地域の整備に関する法律第６条第１項の規定により指定された農業振興地域の区域内のものに限る。次条第１項及び第41条第１項において同じ。）の所有者等から、農地中間管理事業を利用する意思がある旨の表明があつたときは、農地中間管理機構に対し、その旨を通知するものとする。

２　前項の規定による通知を受けた農地中間管理機構は、速やかに、当該農地の所有者等に対し、その農地に係る農地中間管理権の取得に関する協議を申し入れるものとする。ただし、その農地が農地中間管理事業の推進に関する法律第８条第１項に規定する農地中間管理事業規程において定める同条第２項第１号に規定する基準に適合しない場合において、その旨を農業委員会及び当該農地の所有者等に通知したときは、この限りでない。

（農地中間管理権の取得に関する協議の勧告）

第36条　農業委員会は、第32条第１項又は第33条第１項の規定による利用意向調査を行つた場合において、次の各号のいずれかに該当するときは、これらの利用意向調査に係る農地の所有者等に対し、農地中間管理機構による農地中間管理権の取得に関し当該農地中間管理機構と協議すべきことを勧告するものとする。ただし、当該各号に該当することにつき正当の事由があるときは、この限りでない。

一　当該農地の所有者等からその農地を耕作する意思がある旨の表明があつた場合において、その表明があつた日から起算して６月を経過した日においても、その農地の農業上の利用の増進が図られていないとき。

二　当該農地の所有者等からその農地の所有権の移転又は賃借権その他の使用及び収益を目的とする権利の設定若しくは移転を行う意思がある旨の表明（前条第１項に規定する意思の表明を含む。）があつた場合において、その表明があつた日から起算して６月を経過した日においても、これらの権利の設定又は移転が行われないとき。

三　当該農地の所有者等にその農地の農業上の利用を行う意思がないとき。

四　これらの利用意向調査を行つた日から起算して６月を経過した日においても、当該農地の所有者等からその農地の農業上の利用の意向についての意思の表明がないとき。

五　前各号に掲げるときのほか、当該農地について農業上の利用の増進が図られないことが確実であると認められるとき。

２　農業委員会は、前項の規定による勧告を行つたときは、その旨を農地中間管理機構（当該農地について所有権以外の権原に基づき使用及び収益をする者がある場合には、農地中間管理機構及びその農地の所有者）に通知するものとする。

（裁定の申請）

第37条　農業委員会が前条第１項の規定による勧告をした場合において、当該勧告があつた日から起算して２月以内に当該勧告を受けた者との協議が調わず、又は協議を行うことができないときは、農地中間管理機構は、当該勧告があつた日から起算して６月以内に、農林水産省令で定めるところにより、都道府県知事に対し、当該勧告に係る農地について、農地中間管理権（賃借権に限る。第39条第１項及び第２項並びに第40条第２項において同じ。）の設定に関し裁定を申請することができる。

（意見書の提出）

第38条　都道府県知事は、前条の規定による申請があつたときは、農林水産省令で定める事項を公告するとともに、当該申請に係る農地の所有者等にこれを通知し、２週間を下らない期間を指定して意見書を提出する機会を与えなければならない。

２　前項の意見書を提出する者は、その意見書において、その者の有する権利の種類及び内容、その者が前条の規定による申請に係る農地について農地中間管理機構との協議が調わず、又は協議を行うことができない理由その他の農林水産省令で定める事項を明らかにしなければならない。

３　都道府県知事は、第１項の期間を経過した後でなければ、裁定をしてはならない。

（裁定）

第39条　都道府県知事は、第37条の規定による申請に係る農地が、前条第１項の意見書の内容その他当該農地の利用に関する諸事情を考慮して引き続き農業上の利用の増進が図られないことが確実であると見込まれる場合において、農地中間管理機構が当該農地について農地中間管理事業を実施することが当該農地の農業上の利用の増進を図るため必要かつ適当であると認めるときは、その必要の限度において、農地中間管理権を設定すべき旨の裁定をするものとする。

2 前項の裁定においては、次に掲げる事項を定めなければならない。

一 農地中間管理権を設定すべき農地の所在、地番、地目及び面積

二 農地中間管理権の内容

三 農地中間管理権の始期及び存続期間

四 借賃

五 借賃の支払の相手方及び方法

3 第1項の裁定は、前項第1号から第3号までに掲げる事項については申請の範囲を超えてはならず、同号に規定する存続期間については40年を限度としなければならない。

4 都道府県知事は、第1項の裁定をしようとするときは、あらかじめ、都道府県機構の意見を聴かなければならない。ただし、農業委員会等に関する法律第42条第1項の規定による都道府県知事の指定がされていない場合は、この限りでない。

(裁定の効果等)

第40条 都道府県知事は、前条第1項の裁定をしたときは、農林水産省令で定めるところにより、遅滞なく、その旨を農地中間管理機構及び当該裁定の申請に係る農地の所有者等に通知するとともに、これを公告しなければならない。当該裁定についての審査請求に対する裁決によつて当該裁定の内容が変更されたときも、同様とする。

2 前条第1項の裁定について前項の規定による公告があつたときは、当該裁定の定めるところにより、農地中間管理機構と当該裁定に係る農地の所有者等との間に当該農地についての農地中間管理権の設定に関する契約が締結されたものとみなす。

3 民法第272条ただし書(永小作権の譲渡又は賃貸の禁止)及び第612条(賃借権の譲渡及び転貸の制限)の規定は、前項の場合には、適用しない。

（所有者等を確知することができない場合における農地の利用）

第41条 農業委員会は、第32条第３項（第33条第２項において読み替えて準用する場合を含む。以下この項において同じ。）の規定による公示をした場合において、第32条第３項第３号に規定する期間内に当該公示に係る農地（同条第１項第２号に該当するものを除く。）の所有者等から同条第３項第３号の規定による申出がないとき（その農地（その農地について所有権以外の権原に基づき使用及び収益をする者がある場合には、その権利）が数人の共有に係るものである場合において、当該申出の結果、その農地の所有者等で知れているものの持分が２分の１を超えないときを含む。）は、農地中間管理機構に対し、その旨を通知するものとする。この場合において、農地中間管理機構は、当該通知の日から起算して４月以内に、農林水産省令で定めるところにより、都道府県知事に対し、当該農地を利用する権利（以下「利用権」という。）の設定に関し裁定を申請することができる。

2 第38条及び第39条の規定は、前項の規定による申請があつた場合について準用する。この場合において、第38条第１項中「にこれを」とあるのは「で知れているものがあるときは、その者にこれを」と、第39条第１項及び第２項第１号から第３号までの規定中「農地中間管理権」とあるのは「利用権」と、同項第４号中「借賃」とあるのは「借賃に相当する補償金の額」と、同項第５号中「借賃の支払の相手方及び」とあるのは「補償金の支払の」と読み替えるものとする。

3 都道府県知事は、前項において読み替えて準用する第39条第１項の裁定をしたときは、農林水産省令で定めるところにより、遅滞なく、その旨を農地中間管理機構（当該裁定の申請に係る農地の所有者等で知れているものがあるときは、その者及び農地中間管理機構）に通知するとともに、これを公告しなければならない。当該裁定についての審査請求に対する裁決によつて当該裁定の内容が変更されたときも、同様とする。

4 第２項において読み替えて準用する第39条第１項の裁定について前

項の規定による公告があつたときは、当該裁定の定めるところにより、農地中間管理機構は、利用権を取得する。

5　農地中間管理機構は、第２項において読み替えて準用する第39条第１項の裁定において定められた利用権の始期までに、当該裁定において定められた補償金を当該農地の所有者等のために供託しなければならない。

6　前項の規定による補償金の供託は、当該農地の所在地の供託所にするものとする。

7　第16条の規定は、第４項の規定により農地中間管理機構が取得する利用権について準用する。この場合において、同条中「その登記がなくても、農地又は採草放牧地の引渡があつた」とあるのは、「その設定を受けた者が当該農地の占有を始めた」と読み替えるものとする。

（措置命令）

第42条　市町村長は、第32条第１項各号のいずれかに該当する農地における病害虫の発生、土石その他これに類するものの堆積その他政令で定める事由により、当該農地の周辺の地域における営農条件に著しい支障が生じ、又は生ずるおそれがあると認める場合には、必要な限度において、当該農地の所有者等に対し、期限を定めて、その支障の除去又は発生の防止のために必要な措置（以下この条において「支障の除去等の措置」という。）を講ずべきことを命ずることができる。

2　前項の規定による命令をするときは、農林水産省令で定める事項を記載した命令書を交付しなければならない。

3　市町村長は、第１項に規定する場合において、次の各号のいずれかに該当すると認めるときは、自らその支障の除去等の措置の全部又は一部を講ずることができる。この場合において、第２号に該当すると認めるときは、相当の期限を定めて、当該支障の除去等の措置を講ずべき旨及びその期限までに当該支障の除去等の措置を講じないときは、自ら当該支障の除去等の措置を講じ、当該措置に要した費用を徴収する旨を、あらかじめ、公告しなければならない。
一　第１項の規定により支障の除去等の措置を講ずべきことを命ぜられた農地の所有者等が、当該命令に係る期限までに当該命令に係る措置を講じないとき、講じても十分でないとき、又は講ずる見込みがないとき。
二　第１項の規定により支障の除去等の措置を講ずべきことを命じようとする場合において、相当な努力が払われたと認められるものとして政令で定める方法により探索を行つてもなお当該支障の除去等の措置を命ずべき農地の所有者等を確知することができないとき。
三　緊急に支障の除去等の措置を講ずる必要がある場合において、第１項の規定により支障の除去等の措置を講ずべきことを命ずるいとまがないとき。
4　市町村長は、前項の規定により同項の支障の除去等の措置の全部又は一部を講じたときは、当該支障の除去等の措置に要した費用について、農林水産省令で定めるところにより、当該農地の所有者等に負担させることができる。
5　前項の規定により負担させる費用の徴収については、行政代執行法（昭和23年法律第43号）第５条及び第６条の規定を準用する。

第5章　雑　則

（農作物栽培高度化施設に関する特例）

第43条　農林水産省令で定めるところにより農業委員会に届け出て農作物栽培高度化施設の底面とするために農地をコンクリートその他これに類するもので覆う場合における農作物栽培高度化施設の用に供される当該農地については、当該農作物栽培高度化施設において行われる農作物の栽培を耕作に該当するものとみなして、この法律の規定を適用する。この場合において、必要な読替えその他当該農地に対するこの法律の規定の適用に関し必要な事項は、政令で定める。

2　前項の「農作物栽培高度化施設」とは、農作物の栽培の用に供する施設であつて農作物の栽培の効率化又は高度化を図るためのもののうち周辺の農地に係る営農条件に支障を生ずるおそれがないものとして農林水産省令で定めるものをいう。

第44条　農業委員会は、前条第１項の規定による届出に係る同条第２項に規定する農作物栽培高度化施設（以下「農作物栽培高度化施設」という。）において農作物の栽培が行われていない場合には、当該農作物栽培高度化施設の用に供される土地の所有者等に対し、相当の期限を定めて、農作物栽培高度化施設において農作物の栽培を行うべきことを勧告することができる。

（買収した土地、立木等の管理）

第45条　国が第７条第１項若しくは第12条第１項の規定により買収し、又は第22条第１項若しくは第23条第１項の規定に基づく申出により買い取つた土地、立木、工作物及び権利は、政令で定めるところにより、農林水産大臣が管理する。

2　前項の規定により農林水産大臣が管理する国有財産につき国有財産法（昭和23年法律第73号）第32条第１項の規定により備えなければならない台帳の取扱いについては、政令で特例を定めることができる。

（売払い）

第46条　農林水産大臣は、前条第１項の規定により管理する農地及び採草放牧地について、農林水産省令で定めるところにより、その農地又は採草放牧地の取得後において耕作又は養畜の事業に供すべき農地又は採草放牧地の全てを効率的に利用して耕作又は養畜の事業を行うと認められる者、農地中間管理機構その他の農林水産省令で定める者（農業経営基盤強化促進法第22条の４第１項に規定する地域計画の区域内にある農地又は採草放牧地については、農地中間管理機構）に売り払うものとする。ただし、次条の規定により売り払う場合は、この限りでない。

2　前項の規定により売り払う農地又は採草放牧地について、その農業上の利用のため第12条第１項の規定により併せて買収した附帯施設があるときは、これをその農地又は採草放牧地の売払いを受ける者に併せて売り払うものとする。

第47条　農林水産大臣は、第45条第１項の規定により管理する土地、立木、工作物又は権利について、政令で定めるところにより、土地の農業上の利用の増進の目的に供しないことを相当と認めたときは、農林水産省令で定めるところにより、これを売り払い、又はその所管換若しくは所属替をすることができる。

（公簿の閲覧等）

第48条　国又は都道府県の職員は、登記所又は市町村の事務所について、この法律による買収、買取り又は裁定に関し、無償で、必要な簿書を閲覧し、又はその謄本若しくは登記事項証明書の交付を受けることができる。

（立入調査）

第49条　農林水産大臣、都道府県知事又は指定市町村の長は、この法律による買収その他の処分をするため必要があるときは、その職員に他人の土地又は工作物に立ち入つて調査させ、測量させ、又は調査若しくは測量の障害となる竹木その他の物を除去させ、若しくは移転させることができる。

2　前項の職員は、その身分を示す証明書を携帯し、その土地又は工作物の所有者、占有者その他の利害関係人にこれを提示しなければならない。

3　第１項の場合には、農林水産大臣、都道府県知事又は指定市町村の長は、農林水産省令で定める手続に従い、あらかじめ、その土地又は工作物の占有者にその旨を通知しなければならない。ただし、通知をすることができない場合その他特別の事情がある場合には、公示をもつて通知に代えることができる。

4　第１項の規定による立入は、工作物、宅地及びかき、さく等で囲まれた土地に対しては、日出から日没までの間でなければしてはならない。

5　国又は都道府県等は、第１項の土地又は工作物の所有者又は占有者が同項の規定による調査、測量又は物件の除去若しくは移転によつて損失を受けた場合には、政令で定めるところにより、その者に対し、通常生ずべき損失を補償する。

6　第１項の規定による立入調査の権限は、犯罪捜査のために認められたものと解してはならない。

【注 釈】

49 立入調査

（1） 本条は、法14条と同様、**行政調査**について定める（⇒14(1)）。

行政調査は、行政上の目的を達成するため相手方から情報を収集する行為を指す。本条においては、次のように定められている。

第1に、行政調査の性質を持つ**立入調査**をすることができる行政機関は、農林水産大臣、都道府県知事または指定市町村の長（法4条1項本文参照）である。第2に、立入りの理由は、本法による買収その他の処分をするためである。第3に、立入調査の具体的内容は、他人の土地または工作物への立入調査・測量または調査・測量の障害となる竹木その他の物の除去・移転である。

（2） 本条に基づく立入調査・測量等を拒否し、妨害し、または忌避した者に対しては、法65条の適用があり、立入調査拒否等の行為をした者に対し、6か月以下の**拘禁刑**（ただし、令和7年6月1日より前は「6か月以下の懲役」となる。）または30万円以下の罰金が科せられる。

法65条は、刑罰による威嚇という手段を背景として、相手方に対し、間接的に調査に応じる方向に誘導しようとする意図がある。このような仕組みに基づく調査を**間接強制調査**（準強制調査）と呼ぶ。

しかし、農林水産大臣等が、本条を根拠として、相手方の意思に反して立入調査・測量等を強行することは、違法の評価を受ける可能性がある。この点に関し、参考となる判例がある。国税通則法74条の2第1項（旧所得税法234条1項）には**質問検査権**の規定が置かれているところ、国税調査官が、税務調査のために相手方の同意なく相手方の店舗内に立ち入った行為を住居侵入行為に当たるとして違法性を認め、国に対し国家賠償法1条の責任を肯定した最高裁判例がある（最

判昭63・12・20訟月35・6・979)。

したがって、農林水産大臣等としては、立入調査の対象者に対しては、基本的に説得を通じて立入調査・測量等の目的の実現を図るべきであり、それでも相手方が拒絶する場合は、後日、捜査機関に対し告発を行い、司法手続を通じ、刑罰による制裁を科することを求めるほかないと思われる。

(3) 立入調査については、その他に身分証明書の携帯および提示(法49条2項)、相手方に対する事前通知(同条3項)、時間帯の限定(同条4項)、損失補償(同条5項)および立入調査権限の性質(同条6項)についての規定が置かれている。

(報告)

第50条 農林水産大臣、都道府県知事又は指定市町村の長は、この法律を施行するため必要があるときは、土地の状況等に関し、農業委員会又は農業委員会等に関する法律第44条第1項に規定する機構から必要な報告を求めることができる。

(違反転用に対する処分)

第51条 都道府県知事等は、政令で定めるところにより、次の各号のいずれかに該当する者(以下この条において「違反転用者等」という。)に対して、土地の農業上の利用の確保及び他の公益並びに関係人の利益を衡量して特に必要があると認めるときは、その必要の限度において、第4条若しくは第5条の規定によつてした許可を取り消し、その条件を変更し、若しくは新たに条件を付し、又は工事その他の行為の停止を命じ、若しくは相当の期限を定めて原状回復その他違反を是正するため必要な措置（以下この条において「原状回復等の措置」という。）を講ずべきことを命ずることができる。

一　第４条第１項若しくは第５条第１項の規定に違反した者又はその一般承継人

二　第４条第１項又は第５条第１項の許可に付した条件に違反している者

三　前２号に掲げる者から当該違反に係る土地について工事その他の行為を請け負つた者又はその工事その他の行為の下請人

四　偽りその他不正の手段により、第４条第１項又は第５条第１項の許可を受けた者

2　前項の規定による命令をするときは、農林水産省令で定める事項を記載した命令書を交付しなければならない。

3　都道府県知事等は、第１項に規定する場合において、次の各号のいずれかに該当すると認めるときは、自らその原状回復等の措置の全部又は一部を講ずることができる。この場合において、第２号に該当すると認めるときは、相当の期限を定めて、当該原状回復等の措置を講ずべき旨及びその期限までに当該原状回復等の措置を講じないときは、自ら当該原状回復等の措置を講じ、当該措置に要した費用を徴収する旨を、あらかじめ、公告しなければならない。

一　第１項の規定により原状回復等の措置を講ずべきことを命ぜられた違反転用者等が、当該命令に係る期限までに当該命令に係る措置を講じないとき、講じても十分でないとき、又は講ずる見込みがないとき。

二　第１項の規定により原状回復等の措置を講ずべきことを命じようとする場合において、相当な努力が払われたと認められるものとして政令で定める方法により探索を行つてもなお当該原状回復等の措置を命ずべき違反転用者等を確知することができないとき。

三　緊急に原状回復等の措置を講ずる必要がある場合において、第１

項の規定により原状回復等の措置を講ずべきことを命ずるいとまがないとき。

4 都道府県知事等は、前項の規定により同項の原状回復等の措置の全部又は一部を講じたときは、当該原状回復等の措置に要した費用について、農林水産省令で定めるところにより、当該違反転用者等に負担させることができる。

5 前項の規定により負担させる費用の徴収については、行政代執行法第5条及び第6条の規定を準用する。

【注 釈】

51 違反転用者に対する処分または命令

（1） 本条は、違反転用者等に対する処分または命令について定める。処分または命令を出すことができる行政庁については、政令で定められている（令34条）。すなわち、法4条または5条の許可処分に付した条件に違反した者、その者から違反にかかる土地について工事その他の行為を請け負った者（下請人を含む。）または偽りその他不正の手段によって許可を受けた者については当該許可をした都道府県知事等が、その他の者に対しては都道府県知事等が、それぞれ処分または命令を出すものとされている。

（2） 都道府県知事等が、処分または命令を出すための要件は、「土地の農業上の利用の確保及び他の公益並びに関係人の利益を衡量して特に必要があると認めるときは、その必要の限度において」と定められており、相当厳格なものということができる。（注1）（注2）

（注1） 違反転用への対策

農林水産省が令和3年に発表した「農地転用違反実態調査」によれば、全国の数千件に上る違反転用事案のうち、7割程度は非農業者による違反転用であり、また、多くの違反転用事案は、違反転用が実行されてから相当程度の長い期間が経過したものであることが判明した。違反転用を発生させないためには、農業委員会を中心とした住民に対する農地法の規制に関する啓発活動が求められよう。また、違反転用が発生した後においては、法51条を根拠とする処分または命令によって原状回復を図ることが基本となる。しかし、発動の要件は極めて厳格であるため、ほとんどの場合、違反転用者に対する口頭または文書による**行政指導**（いわゆる是正の指導）を通じて問題を解消するほかないと思われる。

（注２） 追認許可

違反転用が発生した後に、許可権者が、違反転用者を指導して転用許可申請書を提出させ、事後的に転用許可処分を行うという手法がこれまでも事実上認められていた。いわゆる**追認許可**である。当該手法は、違法状態の解消という目的（または意識）をもって行われるのが通常である。この場合、追認許可の時点で、原則として、法４条または５条の転用許可基準を満たしていることが必要と考えられる。

（３） 処分または命令を受ける相手方は、次のとおりである（法51条１項各号）。

号	相　手　方
1	法４条１項もしくは５条１項の規定に違反した者またはその一般承継人
	（例）許可を受けないまま農地の転用行為を行った者（いわゆる無断転用者）。なお、一般承継人とは、通常、相続人を指す。したがって、例えば、違反転用にかかる土地を相続した者は、一般承継人に当たるため相手方となるが、一方、同土地を買い受けた者は、特定承継人となるため相手方とならない。

2	法４条１項または５条１項に付した条件に違反している者 （例）転用許可処分に付された条件を遵守していない者。なお、運用通知は、２号該当者の一般承継人であって許可の条件に違反している者は含まれるが、当該許可を受けた者の特定承継人は含まれないものと解されるとしている（運用通知第２・７（２））。
3	前２号に掲げる者から、当該違反にかかる土地について工事その他の行為を請け負った者またはその工事その他の行為の下請人 （例）無断転用者から無断転用に該当する土木工事を請け負った者
4	偽りその他不正の手段により、法４条１項または５条１項の許可を受けた者 （例）転用許可申請書に虚偽の記載をすることによって、本来であれば不許可処分を受けるはずのところ、許可処分を受けることができた者

（４） 処分または命令の内容は、次のとおりである（法51条１項柱書）。

処分または命令の内容
法４条または５条の許可処分の取消し
許可条件の変更
新たな許可条件の付加

工事その他の行為の停止
相当の期限を定めて原状回復その他違反を是正するため必要な措置（**原状回復等の措置**）を講ずるよう命ずること

（５） 都道府県知事等が、同項の規定による命令をするときは、相手方に対し、農林水産省令で定める事項を記載した**命令書**を交付しなければならない（法51条２項、規99条）。

（６） 本条３項は、都道府県知事等が、自ら原状回復等の措置の全部または一部を講ずることができると規定し、その場合の要件について定める。なお、都道府県知事等が、自ら原状回復等の措置を講じた場合、その費用を違反転用者等に負担させることができる（法51条４項）。その場合の費用の徴収については、行政代執行法５条および６条の規定が準用される（法51条５項）。

（農地に関する情報の利用等）

第51条の２　都道府県知事、市町村長及び農業委員会は、その所掌事務の遂行に必要な限度で、その保有する農地に関する情報を、その保有に当たつて特定された利用の目的以外の目的のために内部で利用し、又は相互に提供することができる。

２　都道府県知事、市町村長及び農業委員会は、その所掌事務の遂行に必要な限度で、関係する地方公共団体、農地中間管理機構その他の者に対して、農地に関する情報の提供を求めることができる。

（情報の提供等）

第52条　農業委員会は、農地の農業上の利用の増進及び農地の利用関係の調整に資するほか、その所掌事務を的確に行うため、農地の保有及び利用の状況、借賃等の動向その他の農地に関する情報の収集、整理、分析及び提供を行うものとする。

（農地台帳の作成）

第52条の２　農業委員会は、その所掌事務を的確に行うため、前条の規定による農地に関する情報の整理の一環として、一筆の農地ごとに次に掲げる事項を記録した農地台帳を作成するものとする。

一　その農地の所有者の氏名又は名称及び住所

二　その農地の所在、地番、地目及び面積

三　その農地に地上権、永小作権、質権、使用貸借による権利、賃借権又はその他の使用及び収益を目的とする権利が設定されている場合にあつては、これらの権利の種類及び存続期間並びにこれらの権利を有する者の氏名又は名称及び住所並びに借賃等（第41条第２項において読み替えて準用する第39条第１項の裁定において定められた補償金を含む。）の額

四　その他農林水産省令で定める事項

２　農地台帳は、その全部を磁気ディスク（これに準ずる方法により一定の事項を確実に記録しておくことができる物を含む。）をもつて調製するものとする。

３　農地台帳の記録又は記録の修正若しくは消去は、この法律の規定による申請若しくは届出又は前条の規定による農地に関する情報の収集により得られた情報に基づいて行うものとし、農業委員会は、農地台帳の正確な記録を確保するよう努めるものとする。

４　前３項に規定するもののほか、農地台帳に関し必要な事項は、農林水産省令で定める。

（農地台帳及び農地に関する地図の公表）

第52条の３　農業委員会は、農地に関する情報の活用の促進を図るため、第52条の規定による農地に関する情報の提供の一環として、農地台帳

に記録された事項（公表することにより個人の権利利益を害するものその他の公表することが適当でないものとして農林水産省令で定めるものを除く。）をインターネットの利用その他の方法により公表するものとする。

２　農業委員会は、農地に関する情報の活用の促進に資するよう、農地台帳のほか、農地に関する地図を作成し、これをインターネットの利用その他の方法により公表するものとする。

３　前条第２項から第４項までの規定は、前項の地図について準用する。

（違反転用に対する措置の要請）

第52条の４　農業委員会は、必要があると認めるときは、都道府県知事等に対し、第51条第１項の規定による命令その他必要な措置を講ずべきことを要請することができる。

（不服申立て）

第53条　第９条第１項（第12条第２項において準用する場合を含む。）の規定による買収令書の交付又は第39条第１項（第41条第２項において読み替えて準用する場合を含む。）の裁定についての審査請求においては、その対価、借賃又は補償金の額についての不服をその処分についての不服の理由とすることができない。ただし、第41条第２項において読み替えて準用する第39条第１項の裁定を受けた者がその裁定に係る農地の所有者等を確知することができないことにより第55条第１項の訴えを提起することができない場合は、この限りでない。

２　第４条第１項又は第５条第１項の規定による許可に関する処分に不服がある者は、その不服の理由が鉱業、採石業又は砂利採取業との調整に関するものであるときは、公害等調整委員会に対して裁定の申請をすることができる。

３　第７条第２項又は第６項の規定による公示については、審査請求をすることができない。前項の規定により裁定の申請をすることができる処分についても、同様とする。

4　行政不服審査法（平成26年法律第68号）第22条の規定は、前項後段の処分につき、処分をした行政庁が誤つて審査請求又は再調査の請求をすることができる旨を教示した場合に準用する。

第54条　削除

（対価等の額の増減の訴え）

第55条　次に掲げる対価、借賃又は補償金の額に不服がある者は、訴えをもつて、その増減を請求することができる。ただし、これらの対価、借賃又は補償金に係る処分のあつた日から６月を経過したときは、この限りでない。

一　第９条第１項第３号（第12条第２項において準用する場合を含む。）に規定する対価

二　第39条第２項第４号に規定する借賃

三　第41条第２項において読み替えて準用する第39条第２項第４号に規定する補償金

2　前項第１号に掲げる対価の額についての同項の訴えにおいては国を、同項第２号に掲げる借賃の額についての同項の訴えにおいては農地中間管理機構又は第37条の規定による申請に係る農地の所有者等を、同項第３号に掲げる補償金の額についての同項の訴えにおいては農地中間管理機構又は第41条第１項の規定による申請に係る農地の所有者等を、それぞれ被告とする。

3　第１項第１号に掲げる対価につきこれを増額する判決が確定した場合において、増額前の対価が第10条第２項（第12条第２項において準用する場合を含む。）の規定により供託されているときは、国は、その増額に係る対価を供託しなければならず、また、この場合においては、第10条第３項の規定を準用する。

4　第11条第２項の規定は、前項の規定により供託された対価について準用する。

（土地の面積）

第56条　この法律の適用については、土地の面積は、登記簿の地積による。ただし、登記簿の地積が著しく事実と相違する場合及び登記簿の地積がない場合には、実測に基づき、農業委員会が認定したところによる。

（換地予定地に相当する従前の土地の指定）

第57条　第７条第１項の規定による買収をする場合において、その買収の対象となるべき農地を明らかにするため特に必要があるときは、農林水産大臣は、旧耕地整理法（明治42年法律第30号）に基づく耕地整理、土地区画整理法施行法（昭和29年法律第120号）第３条第１項若しくは第４条第１項に規定する土地区画整理若しくは土地改良法に基づく土地改良事業に係る規約又は同法第53条の５第１項（同法第96条及び第96条の４第１項において準用する場合を含む。）若しくは第89条の２第６項若しくは土地区画整理法（昭和29年法律第119号）第98条第１項の規定によつて、換地処分の発効前に従前の土地に代えて使用又は収益をすることができるものとして指定された土地又はその土地の部分に相当する従前の土地又は土地の部分を地目、地積、土性等を考慮して指定することができる。

２　農林水産大臣は、前項の規定による指定をしたときは、その指定の内容を遅滞なく農業委員会に通知しなければならない。

（指示及び代行）

第58条　農林水産大臣は、この法律の目的を達成するため特に必要があると認めるときは、この法律に規定する農業委員会の事務（第63条第１項第２号から第５号まで、第７号から第11号まで、第13号、第14号、第16号、第17号、第20号及び第21号並びに第２項各号に掲げるものを除く。）の処理に関し、農業委員会に対し、必要な指示をすることができる。

2　農林水産大臣は、この法律の目的を達成するため特に必要があると認めるときは、この法律に規定する都道府県知事又は指定市町村の長の事務（第63条第1項第2号、第6号、第8号、第12号及び第18号から第20号までに掲げるものを除く。次項において同じ。）の処理に関し、都道府県知事又は指定市町村の長に対し、必要な指示をすることができる。

3　農林水産大臣は、都道府県知事又は指定市町村の長が前項の指示に従わないときは、この法律に規定する都道府県知事又は指定市町村の長の事務を処理することができる。

4　農林水産大臣は、前項の規定により自ら処理するときは、その旨を告示しなければならない。

（是正の要求の方式）

第59条　農林水産大臣は、次に掲げる都道府県知事の事務の処理が農地又は採草放牧地の確保に支障を生じさせていることが明らかであるとして地方自治法第245条の5第1項の規定による求めを行うときは、当該都道府県知事が講ずべき措置の内容を示して行うものとする。

一　第4条第1項及び第8項の規定により都道府県知事が処理することとされている事務（同一の事業の目的に供するため4ヘクタールを超える農地を農地以外のものにする行為に係るものを除く。）

二　第5条第1項及び第4項の規定により都道府県知事が処理することとされている事務（同一の事業の目的に供するため4ヘクタールを超える農地又はその農地と併せて採草放牧地について第3条第1項本文に掲げる権利を取得する行為に係るものを除く。）

2　農林水産大臣は、次に掲げる市町村の事務の処理が農地又は採草放牧地の確保に支障を生じさせていることが明らかであるとして地方自治法第245条の5第2項の指示を行うときは、当該市町村が講ずべき措置の内容を示して行うものとする。

一　第４条第１項及び第８項の規定により指定市町村の長が処理することとされている事務（同一の事業の目的に供するため４ヘクタールを超える農地を農地以外のものにする行為に係るものを除く。）
二　第５条第１項及び第４項の規定により指定市町村の長が処理することとされている事務（同一の事業の目的に供するため４ヘクタールを超える農地又はその農地と併せて採草放牧地について第３条第１項本文に掲げる権利を取得する行為に係るものを除く。）
三　前項各号に掲げる都道府県知事の事務を地方自治法第252条の17の２第１項の条例の定めるところにより市町村が処理することとされた場合における当該市町村の当該事務

（大都市の特例）
第59条の２　第18条第１項及び第３項の規定により都道府県が処理することとされている事務並びにこれらの事務に係る第49条第１項、第３項及び第５項並びに第50条の規定により都道府県が処理することとされている事務のうち、指定都市の区域内にある農地又は採草放牧地に係るものについては、当該指定都市が処理するものとする。この場合においては、この法律中前段に規定する事務に係る都道府県又は都道府県知事に関する規定は、指定都市又は指定都市の長に関する規定として指定都市又は指定都市の長に適用があるものとする。

【注 釈】

59の２　大都市の特例

（１）　法18条１項および３項の規定により都道府県が処理することとされている事務（なお、これらの事務にかかる法49条１項・３項・５項および50条の事務を含む。）のうち、**指定都市**の区域内にある農地等にかかるものについては、当該指定都市が処理するものとされる（指定都市とは、自治法252条の19に根拠を置く都市であり、政令指定都市と呼ばれることもある。令和５年末時点において、全国で20の都市が指定を受けている。)。

(２) 実務上の影響としては、本来であれば、法18条１項の許可権者は都道府県知事とされているところ (⇒18－１)、指定都市いわゆる大都市の場合は、指定都市の長が許可権者とされる点を挙げることができる。したがって、例えば、名古屋市内で農地を賃貸借している当事者がいて、当該契約を解除しようとした場合、法18条の許可申請は名古屋市長宛てに提出することになる。

(農業委員会に関する特例)

第60条 農業委員会等に関する法律第３条第１項ただし書又は第５項の規定により、農業委員会が置かれていない市町村についてのこの法律(第25条を除く。以下この項において同じ。) の適用については、この法律中「農業委員会」とあるのは、「市町村長」と読み替えるものとする。

２ 農業委員会等に関する法律第３条第２項の規定により２以上の農業委員会が置かれている市町村についてのこの法律の適用については、この法律中「市町村の区域」とあるのは、「農業委員会の区域」と読み替えるものとする。

(特別区等の特例)

第61条 この法律中市町村又は市町村長に関する規定 (指定都市にあつては、第３条第４項を除く。) は、特別区のある地にあつては特別区又は特別区の区長に、指定都市 (農業委員会等に関する法律第41条第２項の規定により区 (総合区を含む。以下この条において同じ。) ごとに農業委員会を置かないこととされたものを除く。）にあつては区又は区長（総合区長を含む。）に適用する。

（権限の委任）

第62条　この法律に規定する農林水産大臣の権限は、農林水産省令で定めるところにより、その一部を地方農政局長に委任することができる。

（事務の区分）

第63条　この法律の規定により都道府県又は市町村が処理することとされている事務のうち、次の各号及び次項各号に掲げるもの以外のものは、地方自治法第２条第９項第１号に規定する第１号法定受託事務とする。

一　第３条第４項の規定により市町村が処理することとされている事務（同項の規定により農業委員会が処理することとされている事務を除く。）

二　第４条第１項、第２項及び第８項の規定により都道府県等が処理することとされている事務（同一の事業の目的に供するため４ヘクタールを超える農地を農地以外のものにする行為に係るものを除く。）

三　第４条第３項の規定により市町村が処理することとされている事務（意見を付する事務に限る。）

四　第４条第３項の規定により市町村（指定市町村に限る。）が処理することとされている事務（申請書を送付する事務（同一の事業の目的に供するため４ヘクタールを超える農地を農地以外のものにする行為に係るものを除く。）に限る。）

五　第４条第４項及び第５項（これらの規定を同条第10項において準

用する場合を含む。）の規定により市町村が処理することとされている事務

六　第４条第９項の規定により都道府県等が処理することとされている事務（意見を聴く事務（同一の事業の目的に供するため４ヘクタールを超える農地を農地以外のものにする行為に係るものを除く。）に限る。）

七　第４条第９項の規定により市町村が処理することとされている事務（意見を述べる事務に限る。）

八　第５条第１項及び第４項の規定並びに同条第３項において準用する第４条第２項の規定により都道府県等が処理することとされている事務（同一の事業の目的に供するため４ヘクタールを超える農地又はその農地と併せて採草放牧地について第３条第１項本文に掲げる権利を取得する行為に係るものを除く。）

九　第５条第３項において準用する第４条第３項の規定により市町村が処理することとされている事務（意見を付する事務に限る。）

十　第５条第３項において準用する第４条第３項の規定により市町村（指定市町村に限る。）が処理することとされている事務（申請書を送付する事務（同一の事業の目的に供するため４ヘクタールを超える農地又はその農地と併せて採草放牧地について第３条第１項本文に掲げる権利を取得する行為に係るものを除く。）に限る。）

十一　第５条第３項において読み替えて準用する第４条第４項及び第５項の規定並びに第５条第５項において読み替えて準用する第４条第10項において読み替えて準用する同条第４項及び第５項の規定により市町村が処理することとされている事務

十二　第５条第５項において準用する第４条第９項の規定により都道府県等が処理することとされている事務（意見を聴く事務（同一の事業の目的に供するため４ヘクタールを超える農地又はその農地と併せて採草放牧地について第３条第１項本文に掲げる権利を取得す

る行為に係るものを除く。）に限る。）

十三　第５条第５項において準用する第４条第９項の規定により市町村が処理することとされている事務（意見を述べる事務に限る。）

十四　第30条、第31条、第32条第１項、同条第２項から第５項まで（これらの規定を第33条第２項において準用する場合を含む。）、第33条第１項、第34条、第35条第１項、第36条及び第41条第１項の規定により市町村が処理することとされている事務

十五　第42条の規定により市町村が処理することとされている事務

十六　第43条第１項の規定により市町村（指定市町村に限る。）が処理することとされている事務（同一の事業の目的に供するため４ヘクタールを超える農地をコンクリートその他これに類するもので覆う行為に係るものを除く。）

十七　第44条の規定により市町村が処理することとされている事務

十八　第49条第１項、第３項及び第５項並びに第50条の規定により都道府県等が処理することとされている事務（第２号、第８号及び次号に掲げる事務に係るものに限る。）

十九　第51条の規定により都道府県等が処理することとされている事務（第２号及び第８号に掲げる事務に係るものに限る。）

二十　第51条の２の規定により都道府県又は市町村が処理することとされている事務

二十一　第52条から第52条の３までの規定により市町村が処理することとされている事務

２　この法律の規定により市町村が処理することとされている事務のうち、次に掲げるものは、地方自治法第２条第９項第２号に規定する第２号法定受託事務とする。

一　第４条第１項第７号の規定により市町村（指定市町村を除く。）が処理することとされている事務（同一の事業の目的に供するため４ヘクタールを超える農地を農地以外のものにする行為に係るものを除く。）

二　第４条第３項の規定により市町村（指定市町村を除く。）が処理することとされている事務（申請書を送付する事務（同一の事業の目的に供するため４ヘクタールを超える農地を農地以外のものにする行為に係るものを除く。）に限る。）
三　第５条第１項第６号の規定により市町村（指定市町村を除く。）が処理することとされている事務（同一の事業の目的に供するため４ヘクタールを超える農地又はその農地と併せて採草放牧地について第３条第１項本文に掲げる権利を取得する行為に係るものを除く。）
四　第５条第３項において準用する第４条第３項の規定により市町村（指定市町村を除く。）が処理することとされている事務（申請書を送付する事務（同一の事業の目的に供するため４ヘクタールを超える農地又はその農地と併せて採草放牧地について第３条第１項本文に掲げる権利を取得する行為に係るものを除く。）に限る。）
五　第43条第１項の規定により市町村（指定市町村を除く。）が処理することとされている事務（同一の事業の目的に供するため４ヘクタールを超える農地をコンクリートその他これに類するもので覆う行為に係るものを除く。）

【注 釈】

63　事務の区分

（１）　本条において、都道府県または市町村が処理すべき事務は３つのものに区分することができる。**自治事務、第１号法定受託事務**および**第２号法定受託事務**の３種類である。それぞれの事務の定義は、自治法２条８項、同条９項１号・２号に定められている。

（２）　本条１項は、「次の各号及び次項各号に掲げるもの以外のものは、地方自治法第２条第９項第１号に規定する第１号法定受託事務とする」と定める。続いて、本条２項は、「次に掲げるものは、地方自治法第２条第９項第２号に規定する第２号法定受託事務とする」と定める。これは分かりにくい条文である（原因は、「自治事務」という用語の使用を避けたことから生じていると考える。）。

すると、都道府県または市町村が処理する事務のうち、本条１項各号・２項各号に掲げられたもの以外のものは全て第１号法定受託事務に、また、市町村が処理する事務のうち、本条２項に掲げられたものは第２号法定受託事務に当たることが分かる。ところで、自治法によれば、自治事務とは、地方公共団体が処理する事務のうち、法定受託事務を除いた全部である（自治２条８項）。そうすると、法63条１項各号に掲げられた事務は自治事務に当たることになる。

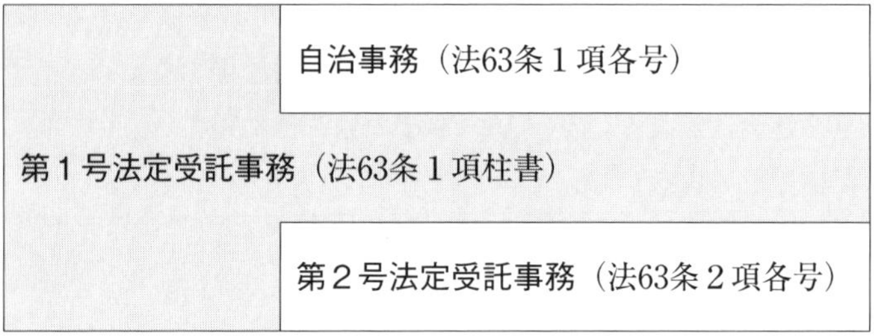

自治事務（法63条１項各号）

第１号法定受託事務（法63条１項柱書）

第２号法定受託事務（法63条２項各号）

例えば、耕作目的の農地の権利移動に際して必要とされる法３条１項の許可（事務）は、市町村の執行機関（行政庁）である農業委員会が許可権限を有するが（⇒３－１（１））、その重要性から考えても本来であれば条文に明記されて然るべきである。しかし、法63条１項・２項各号には見当たらないため、結果的に、第１号法定受託事務に該当するという極めて回りくどい条文解釈となる。

（運用上の配慮）

第63条の２　この法律の運用に当たつては、我が国の農業が家族農業経営、法人による農業経営等の経営形態が異なる農業者や様々な経営規模の農業者など多様な農業者により、及びその連携の下に担われていること等を踏まえ、農業の経営形態、経営規模等についての農業者の主体的な判断に基づく様々な農業に関する取組を尊重するとともに、地域における貴重な資源である農地が地域との調和を図りつつ農業上有効に利用されるよう配慮しなければならない。

第6章　罰　則

第64条　次の各号のいずれかに該当する者は、３年以下の拘禁刑又は300万円以下の罰金に処する。
一　第３条第１項、第４条第１項、第５条第１項又は第18条第１項の規定に違反した者
二　偽りその他不正の手段により、第３条第１項、第４条第１項、第５条第１項又は第18条第１項の許可を受けた者
三　第51条第１項の規定による都道府県知事等の命令に違反した者

※上記は、令和４年法律68号による改正後の条文。令和７年６月１日より前は、「３年以下の拘禁刑」は「３年以下の懲役」となる。

【注 釈】

64　罰　則

（1）　本条は、行政上の義務に違反した者（**行政犯**）に対する制裁としての意味を持つ刑罰（**行政刑罰**）について定める。行政刑罰は、単に違反者に対する制裁という意味にとどまらず、行政刑罰をあらかじめ定めておくことによって警告を発し、一般人による違反行為の発生を抑止する効果も期待されている。

刑罰の内容は、３年以下の拘禁刑または300万円以下の罰金である。当該刑罰を科する手続については、刑事訴訟法に定められている。農地法違反が疑われる事案が発生した場合、通常、捜査機関（警察）による捜査が行われ、次に、検察官が起訴または不起訴を決定し、うち正式に起訴されたものについては、裁判所で有罪または無罪が判決で言い渡される。

（2） 本条の定める犯罪の実行行為は、3つのものに分けられる。

① 法3条1項、4条1項、5条1項または18条1項の規定に違反した者である（法64条1号）。

② 偽りその他不正の手段により、法3条1項、4条1項、5条1項または18条1項の許可を受けた者である（同条2号）。

③ 法51条1項の規定による都道府県知事等の命令に違反した者である（同条3号）。

（3） 上記3つの類型について、以下のとおり述べる。

ア 法64条1号のうち、3条1項、5条1項および18条1項については、所定の許可を受けないまま行われたある行為が、適法な許可を受けて行われる場合と比べたときに、事実上同等のものと評価されるときは、法によって許可を要するとしている立法趣旨に反することになるため、処罰の対象とされる。

このような基本原則に立って考察した場合、例えば、農地の売主Aと買主Bが農地の売買契約を締結したのみでは、いまだ実行行為に着手したと評価することはできない。しかし、その後、目的農地の占有が許可を受けないまま、事実上、AからBに移転されたときは、本条1号に該当する実行行為があったと評価することができる。なお、この場合、AおよびBの双方が罪に問われることになる。

次に、本号のうち、4条1項については、転用という事実行為自体を規制の対象とする（⇒4－3（1））。したがって、ある者が、許可を受けることなく、農地を非農地化した時点で犯罪は既遂に達すると考える。さらに、18条1項については、例えば、ある者が、許可を受けることなく、農地の賃貸借契約を解除した時点で既遂に達すると解する。

イ 法64条2号は、不正な手段をもって許可権者から許可を騙し取る行為を罰するものであり、その者が、許可を受けた時点で既遂に達すると解する。

ウ　同条３号は、法51条１項の規定による都道府県知事等の命令が出されたにもかかわらず、その命令に従わない行為者を罰するものである。したがって、命令に従わないという不作為が生じた時点で既遂に達すると解される。

第65条　第49条第１項の規定による職員の調査、測量、除去又は移転を拒み、妨げ、又は忌避した者は、６月以下の拘禁刑又は30万円以下の罰金に処する。

第66条　第42条第１項の規定による市町村長の命令に違反した者は、30万円以下の罰金に処する。

※第65条は、令和４年法律68号による改正後の条文。令和７年６月１日より前は、「６月以下の拘禁刑」は「６月以下の懲役」となる。

第67条　法人の代表者又は法人若しくは人の代理人、使用人その他の従業者が、その法人又は人の業務又は財産に関し、次の各号に掲げる規定の違反行為をしたときは、行為者を罰するほか、その法人に対して当該各号に定める罰金刑を、その人に対して各本条の罰金刑を科する。

一　第64条第１号若しくは第２号（これらの規定中第４条第１項又は第５条第１項に係る部分に限る。）又は第３号　１億円以下の罰金刑

二　第64条（前号に係る部分を除く。）又は前２条　各本条の罰金刑

【注　釈】

67　罰　則

本条は、**両罰規定**を定めたものである。法人の代表者または法人もしくは人の代理人、使用人、従業員等が犯罪を実行して処罰される場

合、同時に、法人もしくは人も処罰される。例によって、パズルのような分かりにくい不適切な条文である。

本条は、次のとおり整理できる。法64条１号・２号の犯罪構成要件については、行為者が、違反転用または転用許可の騙取行為を実行した場合に限って、同人と一定の関係を持つ法人に対し、１億円以下の罰金刑が科せられる点が注目される（なお、法人に対する拘禁刑という制裁はあり得ない。）。ここで問題とされる行為は、全て法人または人の業務または財産に関するものであることを要する（行為者が、法人または人の業務・財産と無関係に行ったものは含まれない。）。

行為者	違反行為	刑　罰
［法人の代表者または法人もしくは人の代理人、使用人その他の従業者］	［法67条１号］ 法64条１号・２号（法４条１項または５条１項にかかる部分に限る。）または３号	［法人の場合］ １億円以下の罰金刑 ［人の場合］ 各本条の罰金刑
	［法67条２号］ 法64条１号・２号（上記かっこ内のものを除く。）または法65条・66条	［法人・人に共通］ 各本条の罰金刑

例１として、A法人の代表者甲が、法５条の許可を受けることなく違反転用行為をした場合、行為者である甲は３年以下の拘禁刑または300万円以下の罰金刑に処せられ（法64条１号）、同時に、法人Aも１億円以下の罰金刑に処せられる（法67条１号）。

例２として、農地の賃貸人Bの代理人乙が、法18条の許可を受けることなく同賃借人Cに対し契約解除の通知をした場合、行為者である乙は３年以下の拘禁刑または300万円以下の罰金刑に処せられ（法64条１号）、同時に、Bも３年以下の拘禁刑または300万円以下の罰金刑に処せられる（法67条２号・64条１号）。

例３として、Dが雇用する従業員丙が、都道府県知事によるDに対する立入調査（法49条）を拒んだ場合、行為者である丙は６月以下の拘禁刑または30万円以下の罰金刑に処せられ（法65条）、同時に、Dも30万円以下の罰金刑に処せられる（法67条２号・65条）。

第68条　第６条第１項の規定に違反して、報告をせず、又は虚偽の報告をした者は、30万円以下の過料に処する。

第69条　第３条の３の規定に違反して、届出をせず、又は虚偽の届出をした者は、10万円以下の過料に処する。

○農業経営基盤強化促進法（抄）

（昭和55年5月28日
法　律　第　65　号）

第1章　総則

（目的）

第1条　この法律は、我が国農業が国民経済の発展と国民生活の安定に寄与していくためには、効率的かつ安定的な農業経営を育成し、これらの農業経営が農業生産の相当部分を担うような農業構造を確立することが重要であることにかんがみ、育成すべき効率的かつ安定的な農業経営の目標を明らかにするとともに、その目標に向けて農業経営の改善を計画的に進めようとする農業者に対する農用地の利用の集積、これらの農業者の経営管理の合理化その他の農業経営基盤の強化を促進するための措置を総合的に講ずることにより、農業の健全な発展に寄与することを目的とする。

（定義）

第4条　この法律において「農用地等」とは、第22条の8を除き、次に掲げる土地をいう。

一　農地（耕作（農地法（昭和27年法律第229号）第43条第1項の規定により耕作に該当するものとみなされる農作物の栽培を含む。以下この項において同じ。）の目的に供される土地をいう。以下同じ。）又は農地以外の土地で主として耕作若しくは養畜の事業のための採草若しくは家畜の放牧の目的に供される土地（以下「農用地」と総称する。）

二　木竹の生育に供され、併せて耕作又は養畜の事業のための採草又は家畜の放牧の目的に供される土地

三　農業用施設の用に供される土地（第1号に掲げる土地を除く。）

四　開発して農用地又は農業用施設の用に供される土地とすることが適当な土地

2　この法律において「青年等」とは、次に掲げる者をいい、青年等について「就農」とは、農業経営の開始又は農業への就業（第3号に掲げる者にあつては、農業経営の開始）をいう。

一　青年（農林水産省令で定める範囲の年齢の個人をいう。次号において同じ。）

二　青年以外の個人で、効率的かつ安定的な農業経営を営む者となるために活用できる知識及び技能を有するものとして農林水産省令で定めるもの

三　前２号に掲げる者が役員の過半数を占める法人で、農林水産省令で定める要件に該当するもの

3　この法律において「農業経営基盤強化促進事業」とは、この法律で定めるところにより、市町村が行う次に掲げる事業をいう。

一　第19条第１項に規定する地域計画の達成に資するよう、農地中間管理事業（農地中間管理事業の推進に関する法律（平成25年法律第101号）第２条第３項に規定する農地中間管理事業をいう。以下同じ。）及び第７条各号に掲げる事業の実施による農用地についての利用権（農業上の利用を目的とする賃借権若しくは使用貸借による権利又は農業の経営の委託を受けることにより取得される使用及び収益を目的とする権利をいう。以下同じ。）の設定若しくは移転、所有権の移転又は農作業の委託（以下「利用権の設定等」という。）を促進する事業（これと併せて行う事業で、第１項第２号から第４号までに掲げる土地についての利用権の設定等を促進するものを含む。）

二　農用地利用改善事業（農用地に関し権利を有する者の組織する団体が農用地の利用に関する規程で定めるところに従い、農用地の効率的かつ総合的な利用を図るための作付地の集団化、農作業の効率化その他の措置及び農用地の利用関係の改善に関する措置を推進する事業をいう。以下同じ。）の実施を促進する事業

三　前２号に掲げる事業のほか、委託を受けて行う農作業の実施を促進する事業その他農業経営基盤の強化を促進するために必要な事業

第２章　農業経営基盤の強化の促進に関する基本方針等

第１節　農業経営基盤強化促進基本方針及び農業経営基盤強化促進基本構想

（農業経営基盤強化促進基本方針）

第５条　都道府県知事は、政令で定めるところにより、農業経営基盤の強化の促進に関する基本方針（以下「基本方針」という。）を定めるものとする。

2　基本方針においては、都道府県の区域又は自然的経済的社会的諸条件を考慮して都道府県の区域を分けて定める区域ごとに、地域の特性に即し、次に掲げる事項を定めるものとする。

一　農業経営基盤の強化の促進に関する基本的な方向

二　効率的かつ安定的な農業経営の基本的指標

三　新たに農業経営を営もうとする青年等が目標とすべき農業経営の基本的指標

四　農業を担う者の確保及び育成を図るための体制の整備その他支援の実施に関する事項
五　効率的かつ安定的な農業経営を営む者に対する農用地の利用の集積に関する目標その他農用地の効率的かつ総合的な利用に関する目標
六　農業経営基盤強化促進事業の実施に関する基本的な事項
3　都道府県知事は、効率的かつ安定的な農業経営を育成するために農業経営の規模の拡大、農地の集団化その他農地保有の合理化を促進する必要があると認めるときは、基本方針に、前項各号に掲げる事項のほか、当該都道府県の区域（都市計画法（昭和43年法律第100号）第７条第１項の市街化区域と定められた区域（当該区域以外の区域に存する農用地と一体として農業上の利用が行われている農用地の存するものを除き、同法第23条第１項の規定による協議を要する場合にあつては当該協議が調つたものに限る。第17条第２項において「市街化区域」という。）を除く。）を事業実施地域として農地中間管理機構（農地中間管理事業の推進に関する法律第２条第４項に規定する農地中間管理機構をいう。以下同じ。）が行う第７条各号に掲げる事業の実施に関する事項を定めるものとする。
4　基本方針は、農業振興地域整備計画その他法律の規定による地域の農業の振興に関する計画との調和が保たれたものでなければならない。
5　都道府県知事は、情勢の推移により必要が生じたときは、基本方針を変更するものとする。
6　都道府県知事は、基本方針を定め、又はこれを変更しようとするときは、あらかじめ、農業委員会等に関する法律（昭和26年法律第88号）第43条第１項に規定する都道府県機構（以下「都道府県機構」という。）及び農業者、農業に関する団体その他の関係者の意見を聴かなければならない。ただし、都道府県機構については、同法第42条第１項の規定による都道府県知事の指定がされていない場合は、この限りでない。
7　都道府県知事は、基本方針を定め、又はこれを変更したときは、遅滞なく、これを公表しなければならない。

第２節　農地中間管理機構の事業の特例等

（農地中間管理機構の事業の特例）
第７条　農地中間管理機構は、基本方針に第５条第３項に規定する事項が定められたときは、農地中間管理事業のほか、次に掲げる事業を行う。
一　農用地等を買い入れて、当該農用地等を売り渡し、交換し、又は貸し付ける事業（以下この条において「農地売買等事業」という。）

二　農用地等を売り渡すことを目的とする信託の引受けを行い、及び当該信託の委託者に対し当該農用地等の価格の一部に相当する金額の貸付けを行う事業

三　第12条第１項の認定に係る農業経営改善計画（第13条第１項の規定による変更の認定があつたときは、その変更後のもの。次条第３項第２号において同じ。）に従つて設立され、又は資本を増加しようとする農地法第２条第３項に規定する農地所有適格法人に対し農地売買等事業により買い入れた農用地等の現物出資を行い、及びその現物出資に伴い付与される持分又は株式を当該農地所有適格法人の組合員、社員又は株主に計画的に分割して譲渡する事業

四　農地売買等事業により買い入れた農用地等を利用して行う、新たに農業経営を営もうとする者が農業の技術又は経営方法を実地に習得するための研修その他の事業

第３章　農業経営改善計画及び青年等就農計画等

第１節　農業経営改善計画

（農業経営改善計画の認定等）

第12条　第６条第５項の同意を得た市町村（以下「同意市町村」という。）の区域内において農業経営を営み、又は営もうとする者は、農林水産省令で定めるところにより、農業経営改善計画を作成し、これを同意市町村に提出して、当該農業経営改善計画が適当である旨の認定を受けることができる。

２　前項の農業経営改善計画には、次に掲げる事項を記載しなければならない。

一　農業経営の現状

二　農業経営の規模の拡大、生産方式の合理化、経営管理の合理化、農業従事の態様の改善等の農業経営の改善に関する目標

三　前号の目標を達成するためとるべき措置

四　その他農林水産省令で定める事項

３～15　〔省略〕

（農地法の特例）

第14条　認定農業者が認定計画に従つて第12条第３項に規定する農業用施設の用に供することを目的として農地を農地以外のものにする場合には、農地法第４条第１項の許可があつたものとみなす。

２　認定農業者が認定計画に従つて第12条第３項に規定する農業用施設の用に供

することを目的として農用地を農用地以外のものにするため当該農用地について所有権又は使用及び収益を目的とする権利を取得する場合には、農地法第５条第１項の許可があつたものとみなす。

第４章　農業経営基盤強化促進事業の実施等

第２節　利用権の設定等の促進

（農業者等による協議の場の設置等）

第18条　同意市町村は、自然的経済的社会的諸条件を考慮して一体として地域の農業の健全な発展を図ることが適当であると認められる区域ごとに、農林水産省令で定めるところにより、当該区域における農業の将来の在り方及び当該区域における農業上の利用が行われる農用地等の区域その他農用地の効率的かつ総合的な利用を図るために必要な事項について、定期的に、又は時宜に応じて、農業者、農業委員会、農地中間管理機構、農業協同組合、土地改良区その他の当該区域の関係者による協議の場を設け、その協議の結果を取りまとめ、公表するものとする。

2　同意市町村は、前項の協議に当たつては、当該協議が行われる区域内で農用地を保有し、又は利用する者の理解と協力を得るため、農用地等に関する地図を活用した当該者の農業上の利用の意向その他の当該農用地の効率的かつ総合的な利用に資する情報の提供その他の必要な措置を講ずるものとする。

（地域農業経営基盤強化促進計画）

第19条　同意市町村は、政令で定めるところにより、前条第１項の協議の結果を踏まえ、農用地の効率的かつ総合的な利用を図るため、当該協議の対象となつた農業上の利用が行われる農用地等の区域における農業経営基盤の強化の促進に関する計画（以下「地域計画」という。）を定めるものとする。

2　地域計画においては、次に掲げる事項を定めるものとする。

一　地域計画の区域

二　前号の区域における農業の将来の在り方

三　前号の在り方に向けた農用地の効率的かつ総合的な利用に関する目標

四　農業者その他の第１号の区域の関係者が前号の目標を達成するためにとるべき農用地の利用関係の改善その他必要な措置

3　同意市町村は、地域計画においては、前項第３号の目標として同項第１号の区域において農業を担う者ごとに利用する農用地等を定め、これを地図に表示するものとする。

4　地域計画は、次に掲げる要件に該当するものでなければならない。

一　基本構想に即するとともに、第５条第４項に規定する計画との調和が保たれたものであること。
二　効率的かつ安定的な農業経営を営む者に対する農用地の利用の集積、農用地の集団化その他の地域計画の区域における農用地の効率的かつ総合的な利用を図るため必要なものとして農林水産省令で定める基準に適合するものであること。

5　同意市町村は、情勢の推移により必要が生じたときは、地域計画を変更するものとする。

6　同意市町村は、地域計画を定め、又はこれを変更しようとするときは、あらかじめ、農業委員会、農地中間管理機構、農業協同組合、土地改良区その他の関係者の意見を聴かなければならない。ただし、農林水産省令で定める軽微な変更をしようとする場合は、この限りでない。

7　同意市町村は、地域計画を定め、又はこれを変更しようとするとき（前項ただし書の農林水産省令で定める軽微な変更をしようとする場合を除く。）は、農林水産省令で定めるところにより、その旨を公告し、当該地域計画の案を当該公告の日から２週間公衆の縦覧に供さなければならない。この場合において、利害関係人は、当該縦覧期間満了の日までに、当該地域計画の案について、当該同意市町村に意見書を提出することができる。

8　同意市町村は、地域計画を定め、又はこれを変更したときは、農林水産省令で定めるところにより、遅滞なく、その旨を公告するとともに、都道府県知事、農業委員会及び農地中間管理機構に当該地域計画の写しを送付しなければならない。

（計画の素案の提出等の協力）

第20条　同意市町村は、地域計画を定め、又はこれを変更しようとするとき（前条第６項ただし書の農林水産省令で定める軽微な変更をしようとする場合を除く。）は、農業委員会に対し、地域計画のうち同条第３項の地図の素案を作成し、当該同意市町村に提出するよう求めるものとする。

2　前項の規定による求めを受けた農業委員会は、当該求めに係る区域内の農用地の保有及び利用の状況、当該農用地を保有し、又は利用する者の農業上の利用の意向その他の当該農用地の効率的かつ総合的な利用に資する情報を勘案して、同項の素案を作成するものとする。

3　農業委員会は、第１項の素案を作成するため必要があると認めるときは、農地中間管理機構その他の関係者に対し、同項の規定による求めに係る区域外において農業経営を営む者であつて当該区域内の農用地について借受けを希望するものに関する情報の提供その他必要な協力を求めることができる。

4　第１項の素案の提出を受けた同意市町村は、当該素案に基づいて地域計画を作成するものとする。

（農業委員会による利用権の設定等の促進等）

第21条　同意市町村の農業委員会は、地域計画の区域内において、当該地域計画の達成に資するよう、当該区域内の農用地等について所有権、地上権、永小作権、質権、賃借権、使用貸借による権利又はその他の使用及び収益を目的とする権利を有する者（以下「所有者等」という。）に対し、当該農用地等について農地中間管理機構に利用権の設定等を行うことを積極的に促すものとする。

2　地域計画の区域内の農用地等の所有者等は、当該農用地等について農地中間管理機構に対する利用権の設定等を行うように努めるものとする。

第22条　同意市町村の農業委員会は、地域計画の区域（第22条の４第１項に規定する地域計画の区域を除く。）内の農用地の所有者から当該農用地の所有権の移転についてあつせんを受けたい旨の申出があり、かつ、当該農用地についての農地中間管理機構を含めた利用関係の調整において地域計画の達成に資するように利用権の設定等を行うことが困難な場合であつて、当該農用地について、当該農用地を含む周辺の地域における農用地の保有及び利用の現況及び将来の見通し等からみて効率的かつ安定的な農業経営を営む者に対する農用地の利用の集積を図るため当該農地中間管理機構による買入れが特に必要であると認めるときは、同意市町村の長に対し、次項の規定による通知をするよう要請することができる。

2　同意市町村の長は、前項の規定による要請を受けた場合において、地域計画の達成に資する見地からみて、当該要請に係る農用地の買入れが特に必要であると認めるときは、農地中間管理機構が買入れの協議を行う旨を当該農用地の所有者に通知するものとする。

3　前項の規定による通知は、第１項の申出があつた日から起算して３週間以内に、これを行うものとする。

4　第２項の規定による通知を受けた農用地の所有者は、正当な理由がなければ、当該通知に係る農用地の買入れの協議を拒んではならない。

5　第２項の規定による通知を受けた農用地の所有者は、当該通知があつた日から起算して３週間を経過するまでの間（その期間内に同項の協議が成立しないことが明らかになつたときは、その時までの間）は、当該通知に係る農用地を当該通知において買入れの協議を行うこととされた農地中間管理機構以外の者に譲り渡してはならない。

（地域農業経営基盤強化促進計画に係る提案）

第22条の３　同意市町村の農業委員会又は農用地区域（農業振興地域の整備に関する法律（昭和44年法律第58号）第８条第２項第１号に規定する農用地区域をいう。以下同じ。）内の農用地等の所有者等は、同意市町村に対し、農業上の利用が行われる農用地等の区域の全部又は一部の区域（農用地区域内に限る。以下「対象区域」という。）の農用地の効率的かつ総合的な利用を図るため対象区域内の農用地等について農地中間管理機構に対する利用権の設定等が必要であると認めるときは、当該対象区域内の農用地等について当該農用地等の所有者等から利用権の設定等を受ける者を農地中間管理機構とする旨その他農林水産省令で定める事項を地域計画に定めることを提案することができる。

２　前項の規定による提案は、農地中間管理機構及び当該提案に係る対象区域内の農用地等の所有者等の３分の２以上の同意を得ている場合に、農林水産省令で定めるところにより行うものとする。

３　第１項の規定による提案を受けた同意市町村は、当該提案に基づき地域計画を定め、又はこれを変更するか否かについて、遅滞なく、当該提案をした者に通知しなければならない。この場合において、地域計画を定めず、又はこれを変更しないこととするときは、その理由を明らかにしなければならない。

４　第１項に規定する事項が定められている地域計画（当該事項に係る部分に限る。）の有効期間は、政令で定める。

（地域農業経営基盤強化促進計画の特例に係る区域における利用権の設定等の制限）

第22条の４　前条第１項に規定する事項が定められている地域計画の区域（対象区域内に限る。）内の農用地等の所有者等（農地中間管理機構を除く。）は、当該農用地等について農地中間管理機構以外の者に対して、利用権の設定等（農作業の委託を除く。以下この条において同じ。）を行つてはならない。ただし、非常災害のために必要な応急措置として利用権の設定等を行う場合その他の農林水産省令で定める場合は、この限りでない。

２　農地中間管理機構は、前項に規定する農用地等の所有者等から当該農用地等について利用権の設定等を行いたい旨の申出があつたときは、当該利用権の設定等を受けるものとする。

３　農地中間管理機構は、前項の規定による申出（利用権の設定に係るものに限る。）を行つた農用地等の所有者等から当該農用地等について同時に利用権の設定を受けたい旨の申出があつた場合であつて、当該利用権の設定により地域計画の区域内の農用地の効率的かつ総合的な利用の確保に支障を生ずるおそれがないと認められるときは、必要と認められる期間の範囲において、当該利用権の設定を行うものとする。

4　第２項の規定により利用権の設定等を行う場合における当該利用権の設定等の対価は、政令で定めるところにより算出した額とする。

（地域計画の区域における農用地利用集積等促進計画の決定）

第22条の５　農地中間管理機構は、農地中間管理事業の推進に関する法律第18条第１項の規定に基づき、地域計画の区域内の農用地等について農用地利用集積等促進計画を定めるに当たつては、当該農用地利用集積等促進計画が地域計画の達成に資することとなるようにしなければならない。

（農業振興地域の整備に関する法律の特例）

第22条の７　地域計画の区域内の一団の農用地の所有者は、同意市町村に対し、農林水産省令で定めるところにより、当該農用地について地上権、永小作権、質権、賃借権、使用貸借による権利又はその他の使用及び収益を目的とする権利を有する者の全員の同意を得て、当該農用地の区域を農用地区域として定めるべきことを要請することができる。

2　前項の規定による要請に基づき、同意市町村が当該要請に係る農用地の区域の全部又は一部を農用地区域として定める場合には、農業振興地域の整備に関する法律第11条第３項から第11項まで（これらの規定を同法第13条第４項において準用する場合を含む。）の規定は、適用しない。

○農地中間管理事業の推進に関する法律（抄）

（平成25年12月13日
法 律 第 101 号）

第１章　総則

（目的）

第１条　この法律は、農地中間管理事業について、農地中間管理機構の指定その他これを推進するための措置等を定めることにより、農業経営の規模の拡大、耕作の事業に供される農用地の集団化、農業への新たに農業経営を営もうとする者の参入の促進等による農用地の利用の効率化及び高度化の促進を図り、もって農業の生産性の向上に資することを目的とする。

（定義）

第２条　この法律において「農用地」とは、農地（耕作（農地法（昭和27年法律第229号）第43条第１項の規定により耕作に該当するものとみなされる農作物の栽培を含む。以下同じ。）の目的に供される土地をいう。以下同じ。）及び採草放牧地（農地以外の土地で、主として耕作又は養畜の事業のための採草又は家畜の放牧の目的に供されるものをいう。第32条第２号において同じ。）をいう。

２　この法律において「農用地等」とは、次に掲げる土地をいう。

一　農用地

二　木竹の生育に供され、併せて耕作又は養畜の事業のための採草又は家畜の放牧の目的に供される土地

三　農業用施設の用に供される土地（第１号に掲げる土地を除く。）

四　開発して農用地又は農業用施設の用に供される土地とすることが適当な土地

３　この法律において「農地中間管理事業」とは、農用地の利用の効率化及び高度化を促進するため、都道府県の区域（都市計画法（昭和43年法律第100号）第７条第１項の市街化区域と定められた区域（当該区域以外の区域に存する農用地と一体として農業上の利用が行われている農用地の存するものを除き、同法第23条第１項の規定による協議を要する場合にあっては当該協議が調ったものに限る。）を除く。）を事業実施地域として次に掲げる業務を行う事業であって、この法律で定めるところにより、農地中間管理機構が行うものをいう。

一　農用地等について農地中間管理権を取得すること。

二　農地中間管理権を有する農用地等の貸付け（貸付けの相手方の変更を含む。第18条第10項において同じ。）を行うこと。

三　農用地等について農業の経営又は農作業（以下「農業経営等」という。）の

委託を受けること。

四　農業経営等の委託を受けている農用地等について農業経営等の委託（委託の相手方の変更を含む。）を行うこと。

五　農地中間管理権を有する農用地等の改良、造成又は復旧、農業用施設の整備その他当該農用地等の利用条件の改善を図るための業務を行うこと。

六　農地中間管理権を有する農用地等の貸付けを行うまでの間、当該農用地等の管理（当該農用地等を利用して行う農業経営を含む。）を行うこと。

七　農地中間管理権を有する農用地等を利用して行う、新たに農業経営を営もうとする者が農業の技術又は経営方法を実地に習得するための研修を行うこと。

八　前各号に掲げる業務に附帯する業務を行うこと。

4　この法律において「農地中間管理機構」とは、第４条の規定による指定を受けた者をいう。

5　この法律において「農地中間管理権」とは、農用地等について、次章第３節で定めるところにより貸し付けることを目的として、農地中間管理機構が取得する次に掲げる権利をいう。

一　賃借権又は使用貸借による権利

二　所有権（農用地等を貸付けの方法により運用することを目的とする信託（第27条第１項において「農地貸付信託」という。）の引受けにより取得するものに限る。）

三　農地法第41条第１項に規定する利用権

第２章　農地中間管理事業の推進

第２節　農地中間管理機構

（農地中間管理機構の指定）

第４条　都道府県知事は、農用地の利用の効率化及び高度化の促進を図るための事業を行うことを目的とする一般社団法人又は一般財団法人（一般社団法人にあっては地方公共団体が総社員の議決権の過半数を有しているもの、一般財団法人にあっては地方公共団体が基本財産の額の過半を拠出しているものに限る。）であって、農地中間管理事業に関し、次に掲げる基準に適合すると認められるものを、その申請により、都道府県に一を限って、農地中間管理機構として指定することができる。

一　職員、業務の方法その他の事項についての農地中間管理事業に係る業務の実施に関する計画が適切なものであり、かつ、その計画を確実に遂行するに足りる経理的及び技術的な基礎を有すると認められること。

二　役員の過半数が、経営に関し実践的な能力を有する者であると認められること。
三　農地中間管理事業の運営が、公正に行われると認められること。
四　農地中間管理事業以外の事業を行っている場合には、その事業を行うことによって農地中間管理事業の公正な実施に支障を及ぼすおそれがないものであること。
五　その他農地中間管理事業を適正かつ確実に行うに足りるものとして農林水産省令で定める基準に適合するものであること。

第3節　農地中間管理事業の実施

（農地中間管理事業の実施）

第17条　農地中間管理機構は、農地中間管理事業の趣旨の普及を図るとともに、農用地等について借受け又は農業経営等の受託を希望する者の意向を広域的な見地から把握した上で、地域との調和に配慮しつつ、農地中間管理事業を行うものとする。

2　農地中間管理機構は、地域計画の区域において、農地中間管理事業を重点的に行うものとする。

（農用地利用集積等促進計画）

第18条　農地中間管理機構は、農地中間管理事業（第2条第3項第1号から第4号までに掲げる業務に係るものに限る。）の実施により、農地中間管理権若しくは経営受託権の設定若しくは移転（次項第1号において「農地中間管理権の設定等」という。）若しくは農作業の委託を受け、又は賃借権、使用貸借による権利若しくは経営受託権の設定若しくは移転（以下「賃借権の設定等」という。）若しくは農作業の委託を行おうとするときは、農林水産省令で定めるところにより、農用地利用集積等促進計画を定め、都道府県知事の認可を受けなければならない。ただし、農地法その他の法令の規定により農地中間管理機構が農地中間管理権又は経営受託権を取得する場合には、この限りでない。

2　農用地利用集積等促進計画においては、当該農用地利用集積等促進計画に従って行われる次の各号に掲げる行為の区分に応じ、それぞれ当該各号に定める事項を定めるものとする。

一　農地中間管理機構に対する農地中間管理権の設定等又は農作業の委託　次に掲げる事項

イ　農地中間管理権の設定等又は農作業の委託を行う者の氏名又は名称及び住所

ロ　農地中間管理機構がイに規定する者から農地中間管理権の設定等又は農

作業の委託を受ける土地の所在、地番、地目及び面積

ハ　農地中間管理機構がイに規定する者から農地中間管理権の設定等を受ける場合には、当該権利の種類、内容（土地の利用目的を含む。）、始期又は移転の時期及び存続期間又は残存期間並びに当該権利が賃借権である場合にあっては借賃並びにその支払の相手方及び方法、当該権利が経営受託権である場合にあっては農業の経営の委託者に帰属する損益の算定基準並びに決済の相手方及び方法

ニ　農地中間管理機構がイに規定する者から農作業の委託を受ける場合には、当該農作業の内容、契約期間並びに対価及びその支払の方法

ホ　その他農林水産省令で定める事項

二　農地中間管理機構による賃借権の設定等又は農作業の委託　次に掲げる事項

イ　賃借権の設定等又は農作業の委託を受ける者の氏名又は名称及び住所

ロ　イに規定する者が賃借権の設定等（その者が賃借権の設定等を受けた後において行う耕作又は養畜の事業に必要な農作業に常時従事すると認められない者（農地所有適格法人（農地法第２条第３項に規定する農地所有適格法人をいう。第５項第２号において同じ。）、農業協同組合、農業協同組合連合会その他政令で定める者を除く。同項第３号において同じ。）である場合には、賃借権又は使用貸借による権利の設定に限る。）又は農作業の委託を受ける土地の所在、地番、地目及び面積

ハ　ロに規定する土地について現に農地中間管理機構から賃借権、使用貸借による権利若しくは経営受託権の設定又は農作業の委託を受けている者がある場合には、その者の氏名又は名称及び住所

ニ　イに規定する者が賃借権の設定等を受ける場合には、当該権利の種類、内容（土地の利用目的を含む。）、始期又は移転の時期及び存続期間又は残存期間並びに当該権利が賃借権である場合にあっては借賃及びその支払の方法、当該権利が経営受託権である場合にあっては農地中間管理機構に帰属する損益の算定基準及び決済の方法

ホ　イに規定する者が農作業の委託を受ける場合には、当該農作業の内容、契約期間並びに対価並びにその支払の相手方及び方法

ヘ　イに規定する者が第21条第２項各号のいずれかに該当する場合に賃貸借、使用貸借又は農業経営等の委託の解除をする旨の条件

ト　その他農林水産省令で定める事項

3　農地中間管理機構は、農用地利用集積等促進計画を定める場合には、農林水産省令で定めるところにより、あらかじめ、関係する農業委員会（農業委員会

等に関する法律（昭和26年法律第88号）第３条第１項ただし書又は第５項の規定により農業委員会を置かない市町村にあっては、その長。以下同じ。）の意見を聴くとともに、前項第１号ロ又は第２号ロに規定する土地が地域計画の区域内の土地であるときにあってはその定めようとする農用地利用集積等促進計画の内容が当該地域計画の達成に資すると認められるかどうかについて当該地域計画を定めた市町村の意見を、その他のときにあっては利害関係人の意見を聴かなければならない。

4　農地中間管理機構は、第１項の認可の申請をしようとするときは、前項の規定により聴取した意見を記載した書類を提出しなければならない。

5　都道府県知事は、第１項の認可の申請があった場合において、当該申請に係る農用地利用集積等促進計画が次の各号のいずれにも該当すると認めるときは、その認可をしなければならない。

一　農用地利用集積等促進計画の内容が、基本方針及び農地中間管理事業規程に適合するものであること。

二　第２項第２号イに規定する者が、賃借権の設定等を受けた後において、次に掲げる要件の全て（農地所有適格法人及び次号に規定する者にあっては、イに掲げる要件）を備えることとなること。ただし、農業協同組合法（昭和22年法律第132号）第11条の50第１項第１号に掲げる場合において農業協同組合又は農業協同組合連合会が賃借権又は使用貸借による権利の設定又は移転を受けるとき、その他政令で定める場合には、この限りでない。

イ　耕作又は養畜の事業に供すべき農用地の全てを効率的に利用して耕作又は養畜の事業を行うと認められること。

ロ　耕作又は養畜の事業に必要な農作業に常時従事すると認められること。

三　第２項第２号イに規定する者が賃借権の設定等を受けた後において行う耕作又は養畜の事業に必要な農作業に常時従事すると認められない者である場合には、次に掲げる要件の全てを備えること。

イ　その者が地域の農業における他の農業者との適切な役割分担の下に継続的かつ安定的に農業経営を行うと見込まれること。

ロ　その者が法人である場合には、その法人の業務執行役員等（農地法第３条第３項第３号に規定する業務執行役員等をいう。）のうち一人以上の者がその法人の行う耕作又は養畜の事業に常時従事すると認められること。

四　第２項第１号ロに規定する土地ごとに、当該土地について所有権、地上権、永小作権、質権、賃借権、使用貸借による権利又はその他の使用及び収益を目的とする権利を有する者の全て（当該土地が農作業の委託を受ける土地である場合には、農作業の委託を行う者に限る。）の同意が得られていること。

ただし、数人の共有に係る土地について賃借権、使用貸借による権利又は経営受託権（その存続期間が40年を超えないものに限る。）の設定又は移転をする場合における当該土地について所有権を有する者の同意については、当該土地について２分の１を超える共有持分を有する者の同意が得られていれば足りる。

五　第２項第２号ロに規定する土地ごとに、同号イに規定する者（同号ハに規定する者がある場合には、その者及び同号イに規定する者）の同意が得られていること。

六　第２項第１号ロ又は第２号ロに規定する土地が次のイ又はロに掲げる土地のいずれかに該当する場合には、当該土地ごとに、それぞれ当該イ又はロに定める要件を備えること。

イ　農用地であって、当該土地に係る第１項の権利の設定又は移転の内容が農地法第５条第１項本文に規定する場合に該当するもの　同条第２項の規定により同条第１項の許可をすることができない場合に該当しないこと。

ロ　農業振興地域の整備に関する法律（昭和44年法律第58号）第８条第２項第１号に規定する農用地区域内の土地であって、当該土地に係る第１項の権利の設定又は移転の内容が同法第15条の２第１項に規定する開発行為に該当するもの（イに掲げる土地を除く。）　同条第４項の規定により同条第１項の許可をすることができない場合に該当しないこと。

6　都道府県知事は、第１項の認可をしようとする場合において、その申請に係る農用地利用集積等促進計画に定められた土地が次の各号に掲げる土地のいずれかに該当するときは、当該農用地利用集積等促進計画について、あらかじめ、それぞれ当該各号に定める者に協議しなければならない。ただし、農地中間管理機構が、第３項の規定による市町村の意見の聴取において、あわせて、次の各号に掲げる土地のいずれかに該当する第２項第１号ロ又は第２号ロに規定する土地がそれぞれ前項第６号イ又はロに定める要件に該当することについて意見を聴き、その聴取した意見を第４項の書類に記載して都道府県知事に提出したときは、この限りでない。

一　前項第６号イに掲げる土地（農地法第４条第１項に規定する指定市町村の区域内のものに限る。）　当該指定市町村の長

二　前項第６号ロに掲げる土地（農業振興地域の整備に関する法律第15条の２第１項に規定する指定市町村の区域内のものに限る。）　当該指定市町村の長

7　都道府県知事は、第１項の認可をしたときは、農林水産省令で定めるところにより、遅滞なく、その旨を、関係する農業委員会に通知するとともに、公告し

なければならない。

8　前項の規定による公告があったときは、その公告があった農用地利用集積等促進計画の定めるところによって第１項の権利が設定され、又は移転する。

9　第７項の規定による公告があったときは、その公告があった農用地利用集積等促進計画の定めるところによって農作業の委託に係る契約が締結されたものとみなす。

10　農地中間管理機構は、この節で定めるところにより農地中間管理権（第２条第５項第１号に係るものに限る。）を有する農用地等の貸付けを行う場合には、民法（明治29年法律第89号）第594条第２項又は第612条第１項の規定にかかわらず、貸主又は賃貸人の承諾を得ることを要しない。

11　農業委員会は、農用地の利用の効率化及び高度化の促進を図るために必要があると認めるときは、第２項各号に掲げる行為の区分に応じ、それぞれ当該各号に定める事項を示して農用地利用集積等促進計画を定めるべきことを農地中間管理機構に対し要請することができる。この場合において、農地中間管理機構が定めようとする農用地利用集積等促進計画の内容がこの項前段の規定による要請の内容と一致するものであるときは、第３項の規定にかかわらず、農業委員会の意見の聴取を要しない。

12　農地中間管理機構は、前項の規定による要請があったときは、当該要請の内容を勘案して農用地利用集積等促進計画を定めるものとする。

（計画案の提出等の協力）

第19条　農地中間管理機構は、農用地利用集積等促進計画を定める場合には、市町村又は農用地の利用の促進を行う者であって農林水産省令で定める基準に適合するものとして市町村が指定するもの（以下この条において「市町村等」という。）に対し、農用地等の保有及び利用に関する情報の提供その他必要な協力を求めるものとする。

2　農地中間管理機構は、前項の場合において必要があると認めるときは、市町村等に対し、その区域に存する農用地等について、前条第１項及び第２項の規定の例により、同条第５項各号のいずれにも該当する農用地利用集積等促進計画の案を作成し、農地中間管理機構に提出するよう求めることができる。この場合において、農地中間管理機構が定めようとする農用地利用集積等促進計画の内容がこの項前段の規定により市町村が提出した農用地利用集積等促進計画の案の内容と一致するものであるときは、同条第３項及び第６項の規定にかかわらず、同条第３項の規定による市町村の意見の聴取及び同条第６項の規定による協議を要しない。

3　市町村等は、前２項の規定による協力を行う場合において必要があると認めるときは、農業委員会の意見を聴くものとする。

4　市町村等は、前項の規定により農業委員会の意見を聴いたときは、その旨及びその内容を記載した書類を、第２項前段の規定により提出する農用地利用集積等促進計画の案に添付するものとする。この場合において、農地中間管理機構が定めようとする農用地利用集積等促進計画の内容が当該案の内容と一致するものであるときは、前条第３項の規定にかかわらず、農業委員会の意見の聴取を要しない。

（農地中間管理権に係る賃貸借又は使用貸借等の解除）

第20条　農地中間管理機構は、その有する農地中間管理権若しくは経営受託権又はその委託を受けている農作業に係る農用地等が次の各号のいずれかに該当するときは、都道府県知事の承認を受けて、第18条第７項の規定による公告があった農用地利用集積等促進計画の定めるところによって設定され若しくは移転された農地中間管理権に係る賃貸借若しくは使用貸借、当該農用地利用集積等促進計画の定めるところによって農地中間管理機構に設定された経営受託権に係る農業の経営の委託、当該農用地利用集積等促進計画の定めるところによって締結されたものとみなされた農作業の委託に係る契約（農地中間管理機構が委託を受けるものに限る。）又は同条第１項ただし書に規定する場合に該当する場合における農地中間管理権若しくは経営受託権に係る賃貸借若しくは使用貸借若しくは農業の経営の委託の解除をすることができる。

一　相当の期間を経過してもなお当該農用地等の貸付け又は農業経営等の委託を行うことができる見込みがないと認められるとき。

二　災害その他の事由により農用地等としての利用を継続することが著しく困難となったとき。

（農用地等の利用状況の報告等）

第21条　農地中間管理機構は、第18条第７項の規定による公告があった農用地利用集積等促進計画の定めるところにより賃借権の設定等又は農作業の委託を受けた者に対し、農林水産省令で定めるところにより、当該賃借権の設定等若しくは農作業の委託を受けた農用地等の利用の状況又は当該農用地等に係る農業経営等の状況について報告を求めることができる。

2　農地中間管理機構は、前項に規定する者が次の各号のいずれかに該当するとき、又は農地法第６条の２第２項の規定による通知を受けたときは、都道府県知事の承認を受けて、前項に規定する農用地等に係る賃貸借、使用貸借又は農業経営等の委託の解除をすることができる。

一　当該農用地等を適正に利用していないと認めるとき。

二　当該農作業を適正に行っていないと認めるとき。

三　正当な理由がなくて前項の規定による報告をしないとき。

（不確知共有者の探索の要請）

第22条の２　農地中間管理機構は、農用地利用集積等促進計画（存続期間が40年を超えない賃借権又は使用貸借による権利の設定を農地中間管理機構が受けることを内容とするものに限る。次条及び第22条の４において同じ。）を定める場合において、第18条第２項第１号ロに規定する土地のうちに、同条第５項第４号ただし書に規定する土地であってその２分の１以上の共有持分を有する者を確知することができないもの（以下「共有者不明農用地等」という。）があるときは、関係する農業委員会に対し、当該共有者不明農用地等について共有持分を有する者であって確知することができないもの（以下「不確知共有者」という。）の探索を行うよう要請することができる。

２　農業委員会は、前項の規定による要請を受けた場合には、相当な努力が払われたと認められるものとして政令で定める方法により、不確知共有者の探索を行うものとする。

（共有者不明農用地等に係る公示）

第22条の３　農業委員会は、前条第１項の規定による要請に係る探索を行ってもなお共有者不明農用地等について２分の１以上の共有持分を有する者を確知することができないときは、当該共有者不明農用地等について共有持分を有する者であって知れているものの全ての同意を得て、農地中間管理機構の定めようとする農用地利用集積等促進計画及び次に掲げる事項を公示するものとする。

一　共有者不明農用地等の所在、地番、地目及び面積

二　共有者不明農用地等について２分の１以上の共有持分を有する者を確知することができない旨

三　共有者不明農用地等について、農用地利用集積等促進計画の定めるところによって農地中間管理機構が賃借権又は使用貸借による権利の設定を受ける旨

四　前号に規定する権利の種類、内容、始期及び存続期間並びに当該権利が賃借権である場合にあっては、借賃並びにその支払の相手方及び方法

五　不確知共有者は、公示の日から起算して２月以内に、農林水産省令で定めるところにより、その権原を証する書面を添えて農業委員会に申し出て、農用地利用集積等促進計画又は前２号に掲げる事項について異議を述べることができる旨

六　不確知共有者が前号に規定する期間内に異議を述べなかったときは、当該不確知共有者は農用地利用集積等促進計画について同意をしたものとみなす旨

事 項 索 引

【さ】

【し】

判例年次索引

＜著者略歴＞
宮﨑　直己（みやざき　なおき）
昭和50年　名古屋大学法学部法律学科卒業
現　在　弁護士
《著　書》
農業委員の法律知識（新日本法規出版、平成11年）
基本行政法テキスト（中央経済社、平成13年）
判例からみた農地法の解説（新日本法規出版、平成14年）
交通事故賠償問題の知識と判例（技術書院、平成16年）
農地法概説（信山社、平成21年）
設例農地法入門（新日本法規出版、改訂版、平成22年）
交通事故損害賠償の実務と判例（大成出版社、平成23年）
Ｑ＆Ａ 交通事故損害賠償法入門（大成出版社、平成25年）
農地法の設例解説（大成出版社、平成28年）
判例からみた労働能力喪失率の認定（新日本法規出版、平成29年）
設例農地民法解説（大成出版社、平成29年）
農地法の実務解説（新日本法規出版、三訂版、平成30年）
農地事務担当者の行政法総論（大成出版社、平成31年）
判例メモ　逸失利益算定の基礎収入（大成出版社、令和元年）
農地法講義（大成出版社、三訂版、令和元年）
農地法読本（大成出版社、六訂版、令和３年）
農地法許可事務の要点解説（新日本法規出版、令和５年）

条文セレクト　注釈農地法

令和６年４月２日　初版発行

著　者　宮　﨑　直　己
発行者　新日本法規出版株式会社
代表者　星　謙　一　郎

発行所　新日本法規出版株式会社

本社総轄本部　(460-8455)　名古屋市中区栄１－23－20
東京本社　(162-8407)　東京都新宿区市谷砂土原町２－６
支社·営業所　札幌・仙台・関東・東京・名古屋・大阪・高松・広島・福岡
ホームページ　https://www.sn-hoki.co.jp/

【お問い合わせ窓口】
新日本法規出版コンタクトセンター
0120-089-339（通話料無料）
●受付時間／９：00～16：30（土日・祝日を除く）

ISBN978-4-7882-9345-8
5100317　注釈農地法